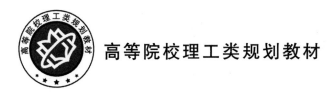

高等院校理工类规划教材

实 分 析

黄际政 编著

 北京邮电大学出版社
www.buptpress.com

内 容 简 介

本书主要介绍实分析的基本理论和方法，既包含实分析的基础知识，也包含实分析最新研究领域的相关理论. 第1章主要介绍傅里叶变换的概念和性质；第2章介绍实分析中的一个重要算子——Hardy-Littlewood 极大函数；第3章介绍实分析的核心——奇异积分算子；第4章介绍哈代空间和有界平均震荡空间；第5章介绍 Littlewood-Paley 理论和乘子定理. 本书系统深入地介绍了欧氏空间上各种分析问题的实变方法和技巧，内容丰富，证明详细严谨，是一本可读性很强的实分析教科书与参考书.

图书在版编目(CIP) 数据

实分析 / 黄际政编著. -- 北京：北京邮电大学出版社，2022.12
ISBN 978-7-5635-6825-3

Ⅰ. ①实… Ⅱ. ①黄… Ⅲ. ①实分析 Ⅳ. ①O174.1

中国版本图书馆 CIP 数据核字（2022）第 236390 号

策 划 编 辑：彭 楠　　**责 任 编 辑**：王晓丹 耿 欢　　**责 任 校 对**：张会良　　**封 面 设 计**：七星博纳

出 版 发 行：北京邮电大学出版社
社　　　址：北京市海淀区西土城路 10 号
邮 政 编 码：100876
发 行 部：电话：010-62282185　传真：010-62283578
E-mail: publish@bupt.edu.cn
经　　　销：各地新华书店
印　　　刷：唐山玺诚印务有限公司
开　　　本：787 mm×1 092 mm　1/16
印　　　张：10
字　　　数：136 千字
版　　　次：2022 年 12 月第 1 版
印　　　次：2022 年 12 月第 1 次印刷

ISBN 978-7-5635-6825-3　　　　　　　　　　　　　　　　　定价：32.00 元

前　　言

实分析是数学各专业研究生的一门重要必修课, 可为调和分析与小波分析、偏微分方程、非线性分析、数值分析、数学物理等专业的研究生提供必要的基础训练. 实分析最早起源于傅里叶变换和三角级数, 20 世纪 30 年代, Antoni Zygmund 撰写的《三角级数》一书被看作实分析的基础. 20 世纪 50 年代, Alberto Calderón、Antoni Zygmund 建立的奇异积分算子理论是实分析的核心内容, Elias M. Stein 等人在高维欧氏空间上建立了各种分析问题的实变方法, 并建立了非交换背景下的实分析理论. 20 世纪 90 年代, 小波分析理论的诞生可以看作实分析理论在图像和信号处理等领域的应用, 它是实分析技巧、方法与工程问题相结合的产物.

由于实分析与很多数学方向都有交集, 北京邮电大学于 2021 年秋季学期开设了 "实分析" 这门课程, 专门面向数学各专业的硕士和博士研究生. 国内外有关实分析的教材有很多, 但是大部分教材具有两个缺点. 一是内容偏简单, 例如, 有的教材内容为实数列、序列、连续函数以及集合等, 基本上属于数学分析第 3 册的内容; 还有的教材内容稍微难一点, 主要包括度量空间、测度论以及积分论, 相当于高年级本科实变函数和泛函分析的内容. 二是内容过于抽象, 如抽象测度、积分以及李群上的积分等, 这些内容对于非调和分析专业的研究生而言过于抽象, 他们很难理解实分析的基本技巧和方法. 鉴于以上两点, 作者立足于北京邮电大学理学院数学专业研究生的实际情况, 致力于编著一本适合北京邮电大学理学院数学专业研究生的实分析标准教材. 本书涵盖北京邮电大学理学院数学专业研究生 "实分析" 课程的教学大纲, 既可以作为教材使用, 也可以作为参考书供有关科技人员学习.

感谢北京大学刘和平教授多年来对我的指导和帮助, 刘教授是我从事调和分析的引路人. 特别感谢家人多年来对我的理解和支持, 你们是我前进的动力!

黄际政

北京邮电大学

2022 年 5 月 18 日

目　　录

第 1 章　傅里叶变换

傅里叶变换在理论和工程方面都具有非常重要的应用. 例如, 在奇异积分算子的有界性、偏微分方程的正则性以及信号在时域 (或空域) 和频域之间的变换等问题中, 傅里叶变换有许多应用. 因为傅里叶变换的基本思想首先是由法国学者让·巴普蒂斯·约瑟夫·傅里叶 (Baron Jean Baptiste Joseph Fourier) 系统提出的, 故以其名字来命名以示纪念. 本章将介绍欧氏空间上的傅里叶变换. 首先, 我们定义欧氏空间上可积函数的傅里叶变换并介绍它的一些基本性质; 然后, 我们引入 Schwartz 函数以及缓增分布, 并利用它们来讨论傅里叶变换的 L^p 理论以及傅里叶逆变换的性质.

1.1　傅里叶变换的 L^1 理论

关于欧氏空间 $\mathbb{R}^n$ 上的傅里叶变换有一套比较成熟的理论体系, 本节只介绍一些基本概念和性质, 想了解更多这方面内容的读者可以参考文献 [1]∼[4]. 首先, 我们给出一些常用的记号: $\mathbb{R}^n$ 表示 n 维欧氏空间; $\alpha = (\alpha_1, \alpha_2, \cdots, \alpha_n)$ 表示 n 重指标, $|\alpha| = \alpha_1 + \alpha_2 + \cdots + \alpha_n$, $\partial^\alpha = (\partial_{x_1}^{\alpha_1}, \cdots, \partial_{x_n}^{\alpha_n})$, $\partial_{x_i}^{\alpha_i} = \dfrac{\partial^{\alpha_i}}{\partial x_1^{\alpha_1}}$, $i = 1, 2, \cdots, n$. 下面给出傅里叶变换的定义.

定义 1.1.1　给定一个函数 $f \in L^1(\mathbb{R}^n)$, 其傅里叶变换的定义为

$$\hat{f}(\xi) = \int_{\mathbb{R}^n} f(x) \mathrm{e}^{-2\pi \mathrm{i} x \xi} \mathrm{d}x, \tag{1.1}$$

其中, $x\xi = x_1\xi_1 + x_2\xi_2 + \cdots + x_n\xi_n$.

傅里叶变换具有很多好的性质, 下面我们对其加以证明.

命题 1.1.1 如果函数 f 和 g 都属于 $L^1(\mathbb{R}^n)$ 且 $\alpha, \beta \in \mathbb{R}$, 则

(1) 线性性质: $\widehat{(\alpha f + \beta g)} = \alpha\hat{f} + \beta\hat{g}$;

(2) 有界性: $\|\hat{f}\|_\infty \leqslant \|f\|_1$;

(3) 连续性: $\hat{f}$ 在 $\mathbb{R}^n$ 上一致连续;

(4) Riemann-Lebesgue 引理: $\lim\limits_{|\xi|\to\infty} \hat{f}(\xi) = 0$.

证明 (1) $\sim$ (3) 的证明由定义可得. 下面我们来证明 (4). 由 Lebesgue 控制收敛定理知: $\hat{f}$ 在 $\mathbb{R}^n$ 上一致连续, 实际上, 当 $|h| \to 0$ 时, 我们有

$$|\hat{f}(\xi + h) - \hat{f}(\xi)| = \left|\int_{\mathbb{R}^n} f(x)\left[\mathrm{e}^{-2\pi\mathrm{i}(\xi+h)x} - \mathrm{e}^{-2\pi\mathrm{i}\xi x}\right]\mathrm{d}x\right|$$
$$\leqslant \int_{\mathbb{R}^n} |f(x)|\left|\mathrm{e}^{-2\pi\mathrm{i}hx} - 1\right|\mathrm{d}x \to 0.$$

假设 f 为简单函数, 即

$$f(x) = \sum_{i=1}^{N} \lambda_i \chi_{E_i}(x),$$

则

$$\hat{f}(\xi) = \sum_{i=1}^{N} \lambda_i \int_{E_i} \mathrm{e}^{-2\pi\mathrm{i}x\xi}\mathrm{d}x,$$

从而, 当 $|\xi| \to \infty$ 时, 有 $\int_{E_i} \mathrm{e}^{-2\pi\mathrm{i}x\xi}\mathrm{d}x \to 0$, 故 $\hat{f}(\xi) \to 0$. 对于一般的 $f \in L^1(\mathbb{R}^n)$, $\forall \varepsilon > 0$, 由简单函数族在 $L^1(\mathbb{R}^n)$ 中稠密可知: 存在简单函数 g 使得 $\|f - g\|_1 < \varepsilon/2$. 又因为 $\lim\limits_{|\xi|\to\infty} \hat{g}(\xi) = 0$, 所以存在 $M > 0$, 当 $|\xi| > M$ 时, 有 $|\hat{g}(\xi)| < \varepsilon/2$, 从而当 $|\xi| > M$ 时, 有

$$|\hat{f}(\xi)| = |\widehat{(f-g)}(\xi) + \hat{g}(\xi)|$$

$$\leqslant |\widehat{(f-g)}(\xi)| + |\hat{g}(\xi)|$$

$$\leqslant \|f-g\|_1 + |\hat{g}(\xi)|$$

$$< \varepsilon,$$

即 $\lim\limits_{|\xi|\to\infty} \hat{f}(\xi) = 0.$ □

为了进一步讨论傅里叶变换的性质, 我们引入下面的算子:

(1) 伸缩算子: $D_\lambda f(x) = \lambda^{-n} f(\lambda^{-1}x),\ \lambda \in \mathbb{R} \setminus \{0\}$;

(2) 平移算子: $\tau_y f(x) = f(x-y),\ y \in \mathbb{R}^n$;

(3) 模乘算子: $M_y f(x) = \mathrm{e}^{2\pi\mathrm{i}yx} f(x),\ y \in \mathbb{R}^n$;

(4) 卷积算子: $f * g(x) = \displaystyle\int_{\mathbb{R}^n} f(x-y)g(y)\mathrm{d}y.$

无论是在理论方面还是应用方面, 卷积算子都是一种非常重要的运算, 关于卷积, 我们有下列经常用到的性质.

命题 1.1.2　(1) 对于 $f, g, h \in L^1(\mathbb{R}^n)$, 有

$$f * (g * h) = (f * g) * h$$

和

$$(f + g) * h = f * h + g * h,\ f * (g + h) = f * g + f * h.$$

(2) Minkowski 不等式: 当 $1 \leqslant p \leqslant \infty$ 时, 对于 $f \in L^p(\mathbb{R}^n)$ 和 $g \in L^1(\mathbb{R}^n)$, $f * g$ 几乎处处存在且

$$\|f * g\|_p \leqslant \|f\|_p \|g\|_1.$$

(3) Young 不等式: 设 $1 \leqslant p, q, r \leqslant \infty$ 且满足

$$\frac{1}{r} + 1 = \frac{1}{p} + \frac{1}{q},$$

则当 $f \in L^p$, $g \in L^q$ 时, $f * g$ 几乎处处存在且

$$\|f * g\|_r \leqslant \|f\|_p \|g\|_q.$$

上述命题的证明主要利用卷积的定义, 此处省略.

利用上述算子, 我们可以将傅里叶变换的性质表述为下面的命题.

命题 1.1.3　利用傅里叶变换的定义, 我们有下面的性质:

(1) $\widehat{(f * g)} = \hat{f}\hat{g}$;

(2) $\widehat{(\tau_y f)}(\xi) = \hat{f}(\xi)\mathrm{e}^{2\pi\mathrm{i}y\xi} = M_y\hat{f}(\xi), \widehat{M_y f}(\xi) = \tau_y\hat{f}(\xi)$;

(3) $\widehat{D_\lambda f}(\xi) = \hat{f}(\lambda\xi)$;

(4) $\widehat{\dfrac{\partial f}{\partial x_j}}(\xi) = 2\pi\mathrm{i}\xi_j\hat{f}(\xi)$;

(5) $(-\widehat{2\pi\mathrm{i}x_j}f)(\xi) = \dfrac{\partial\hat{f}}{\partial\xi_j}(\xi)$.

关于傅里叶变换, 我们有下面的乘法公式.

命题 1.1.4　设 $f, g \in L^1(\mathbb{R}^n)$, 则

$$\int_{\mathbb{R}^n} f(x)\hat{g}(x)\mathrm{d}x = \int_{\mathbb{R}^n} \hat{f}(x)g(x)\mathrm{d}x.$$

证明　由 Fubini 定理知:

$$\begin{aligned}
\int_{\mathbb{R}^n} f(x)\hat{g}(x)\mathrm{d}x &= \int_{\mathbb{R}^n} f(x)\left(\int_{\mathbb{R}^n} g(\xi)\mathrm{e}^{-2\pi\mathrm{i}x\xi}\mathrm{d}\xi\right)\mathrm{d}x \\
&= \int_{\mathbb{R}^n} g(\xi)\left(\int_{\mathbb{R}^n} f(x)\mathrm{e}^{-2\pi\mathrm{i}x\xi}\mathrm{d}x\right)\mathrm{d}\xi \\
&= \int_{\mathbb{R}^n} g(\xi)\hat{f}(\xi)\mathrm{d}\xi \\
&= \int_{\mathbb{R}^n} \hat{f}(x)g(x)\mathrm{d}x,
\end{aligned}$$

从而命题得证. $\qquad\square$

下面计算几个函数的傅里叶变换.

例 1　计算 $\hat{f}$, 其中 $f(x) = \chi_{[-1,1]}(x)$.

解: 由定义可知,

$$\hat{f}(\xi) = \int_{-1}^{1} e^{-2\pi i x \xi} dx = \frac{\sin 2\pi\xi}{\pi\xi}.$$

例 2　计算 $\hat{f}$, 其中 $f(x) = e^{-\pi|x|^2}$, $x \in \mathbb{R}^n$.

解: 当 $n = 1$ 时, 有

$$\hat{f}(\xi) = \int_{\mathbb{R}} e^{-\pi x^2} e^{-2\pi i x \xi} dx = e^{-\pi\xi^2} \int_{\mathbb{R}} e^{-\pi(x+i\xi)^2} dx = e^{-\pi\xi^2}.$$

类似地, 当 $n > 1$ 时, 有 $\hat{f}(\xi) = e^{-\pi|\xi|^2}$.

因为 $\hat{f} \in L^1(\mathbb{R}^n)$ 不一定成立 (例如, 若令 $f(x)$ 为区间 $(-1,1)$ 的特征函数, 则 $\hat{f} \notin L^1(\mathbb{R}^n)$), 所以傅里叶逆变换的公式

$$f(x) = \int_{\mathbb{R}^n} \hat{f}(\xi) e^{2\pi i x \xi} d\xi$$

不一定成立. 为了研究傅里叶逆变换的公式, 我们引入 Schwartz 函数类 $\mathscr{S}(\mathbb{R}^n)$.

定义 1.1.2　我们称一个函数 $f \in \mathscr{S}(\mathbb{R}^n)$, 如果它是无穷次可微的并且它的任意阶导数在无穷远处都是速降的, 即对任意的 $\alpha, \beta \in \mathbb{N}^n$, 有

$$\sup_x |x^\alpha D^\beta f(x)| \doteq \|f\|_{\alpha,\beta} < \infty, \tag{1.2}$$

其中, $x^\alpha = x_1^{\alpha_1} x_2^{\alpha_2} \cdots x_n^{\alpha_n}$; $D^\beta = \partial_{x_1}^{\beta_1} \partial_{x_2}^{\beta_2} \cdots \partial_{x_n}^{\beta_n}$.

注 1.1.1　(1) 易知, 具有紧支集的光滑函数类 $C_c^\infty(\mathbb{R}^n)$ 包含于 $\mathscr{S}(\mathbb{R}^n)$, 但是 Schwartz 函数类还包含没有紧支集的光滑函数, 如 $e^{-|x|^2}$.

(2) 在实际应用中, 我们经常用到下面关于 Schwartz 函数类的等价刻画: 一个光滑函数 f 属于 Schwartz 函数类当且仅当对于任意的正整数 N 和多重指标 α 都存在一个常数 $C_{\alpha,N}$ 使得

$$|(\partial^\alpha f)(x)| \leqslant C_{\alpha,N}(1+|x|)^{-N}.$$

我们可以利用 $\{\|\cdot\|_{\alpha,\beta}\}$ 来定义 $\mathscr{S}(\mathbb{R}^n)$ 上的拓扑: $\mathscr{S}(\mathbb{R}^n)$ 中的序列 $\{\phi_k\}$ 收敛到 0 当且仅当对于任意 $\alpha,\beta \in \mathbb{N}^n$, 有

$$\lim_{k\to\infty} \|\phi_k\|_{\alpha,\beta} = 0. \tag{1.3}$$

由于 $\{\|\cdot\|_{\alpha,\beta}\}$ 是 $\mathscr{S}(\mathbb{R}^n)$ 上的一个可数的拟范数族, 我们可以定义 $\mathscr{S}(\mathbb{R}^n)$ 上的距离为

$$d(f,g) = \sum_{\alpha,\beta} \frac{1}{2^{|\alpha|+|\beta|}} \frac{\|f-g\|_{\alpha,\beta}}{1+\|f-g\|_{\alpha,\beta}}, \tag{1.4}$$

其中, $f,g \in \mathscr{S}(\mathbb{R}^n)$; $|\alpha| = \alpha_1 + \alpha_1 + \cdots + \alpha_n$.

易证, 通过式 (1.3) 和式 (1.4) 定义的 $\mathscr{S}(\mathbb{R}^n)$ 上的两种拓扑是等价的. 按照我们定义的拓扑, $\mathscr{S}(\mathbb{R}^n)$ 在 $L^p(\mathbb{R}^n), 1 \leqslant p < \infty$ 中是稠密的. 事实上, 我们可以证明下面的结论.

命题 1.1.5 设 $f, f_k\,(k=1,2,\cdots)$ 属于 Schwartz 函数类, 若 $\{f_k\}$ 在 $\mathscr{S}(\mathbb{R}^n)$ 中收敛到 f, 则 $\{f_k\}$ 在 $L^p(\mathbb{R}^n)$ 中收敛到 f, 其中 $0 < p \leqslant \infty$. 进一步, 存在常数 $C_{p,N} > 0$ 使得

$$\|\partial^\beta f\|_p \leqslant C_{p,N} \sum_{|\alpha| \leqslant \left[\frac{n+1}{p}\right]+1} \|f\|_{\alpha,\beta},$$

其中, f 是使得上式右边有限的函数.

证明 当 $p < \infty$ 时, 有

$$\|\partial^\beta f\|_p \leqslant \left[\int_{|x|\leqslant 1} |\partial^\beta f(x)|^p \mathrm{d}x + \int_{|x|\geqslant 1} |x|^{n+1} |\partial^\beta f(x)|^p |x|^{-(n+1)} \mathrm{d}x\right]^{1/p}$$

$$\leqslant \left[v_n\|\partial^\beta f\|_\infty^p + \left(\sup_{|x|\geqslant 1}|x|^{n+1}|\partial^\beta f(x)|^p\right)\int_{|x|\geqslant 1}|x|^{-(n+1)}\mathrm{d}x\right]^{1/p}$$

$$\leqslant C_{p,N}\left(\|\partial^\beta f\|_\infty^p + \sup_{|x|\geqslant 1}(|x|^{[\frac{n+1}{p}]+1}|\partial^\beta f(x)|)\right),$$

这里 v_n 表示单位球的体积. 显然, 当 $p = \infty$ 时, 上述不等式亦成立. 如果令 $m = \left[\dfrac{n+1}{p}\right] + 1$, 并注意到

$$|x|^k \leqslant C_{n,k}\sum_{|\beta|=k}|x^\beta|,$$

那么,

$$\sup_{|x|\geqslant 1}(|x|^m|\partial^\beta f(x)|) \leqslant C_{n,m}\sup_{|x|\geqslant 1}\sum_{|\alpha|=m}|x^\alpha\partial^\beta f(x)| \leqslant C_{n,m}\sum_{|\alpha|\leqslant m}\|f\|_{\alpha,\beta},$$

从而 $\{f_k\}$ 在 $\mathscr{S}(\mathbb{R}^n)$ 中收敛到 f 意味着 $\{f_k\}$ 在 $L^p(\mathbb{R}^n)$ 中收敛到 f. $\qquad\square$

利用 Schwartz 函数类的定义, 我们可以证明下面的结论.

命题 1.1.6 若 $f, g \in \mathscr{S}(\mathbb{R}^n)$, 则 fg 和 $f * g$ 都属于 Schwartz 函数类. 进一步, 对于任意的多重指标 α, 我们有

$$\partial^\alpha(f * g) = (\partial^\alpha f) * g = f * (\partial^\alpha g).$$

因为 $\mathscr{S}(\mathbb{R}^n) \subset L^1(\mathbb{R}^n)$, 所以 $\mathscr{S}(\mathbb{R}^n)$ 上的傅里叶变换是可以定义的. 我们还可以定义 Schwartz 函数类的傅里叶逆变换, 为此我们需要下面的引理.

引理 1.1.1 令 $f(x) = \mathrm{e}^{-\pi|x|^2}$, 则 $\hat{f}(\xi) = \mathrm{e}^{-\pi|\xi|^2}$.

证明　我们只需考虑 $n=1$ 的情形. 函数 $f(x) = \mathrm{e}^{-\pi|x|^2}$ 为方程 $u' + 2\pi x u = 0$ 满足初始条件 $u(0) = 1$ 的解. 两边取傅里叶变换得

$$2\pi \mathrm{i}\xi \hat{u}(\xi) + \mathrm{i}\hat{u}'(\xi) = 0,$$

即 $\hat{u}' + 2\pi\xi\hat{u} = 0$ 且

$$\hat{u}(0) = \int_{\mathbb{R}} u(x)\mathrm{d}x = \int_{\mathbb{R}} \mathrm{e}^{-\pi x^2} = 1,$$

所以 f 和 $\hat{f}$ 满足同样的方程. 由方程解的唯一性知: $f = \hat{f}$.　□

利用上述引理我们可以证明下面的结论.

命题 1.1.7　傅里叶变换是 $\mathscr{S}(\mathbb{R}^n)$ 到 $\mathscr{S}(\mathbb{R}^n)$ 的一个有界线性算子且满足

$$f(x) = \int_{\mathbb{R}^n} \hat{f}(\xi)\mathrm{e}^{2\pi \mathrm{i}x\xi}\mathrm{d}\xi. \tag{1.5}$$

证明　由命题 1.1.3 知:

$$\xi^\alpha \partial^\beta \hat{f}(\xi) = C\widehat{\partial^\alpha x^\beta f}(\xi),$$

从而

$$|\xi^\alpha \partial^\beta \hat{f}(\xi)| \leqslant C\|\partial^\alpha x^\beta f(x)\|_1.$$

又 L^1 范数可以由有限个半范数的组合来控制, 所以傅里叶变换是 $\mathscr{S}(\mathbb{R}^n)$ 到 $\mathscr{S}(\mathbb{R}^n)$ 的一个有界线性算子.

由命题 1.1.3 和乘法公式知:

$$\int_{\mathbb{R}^n} h(x)\hat{g}(\lambda x)\mathrm{d}x = \int_{\mathbb{R}^n} \hat{h}(\xi)\lambda^{-n}g(\lambda^{-1}\xi)\mathrm{d}\xi.$$

作变量替换 $\lambda x = y$, 则

$$\int_{\mathbb{R}^n} h(\lambda^{-1}y)\hat{g}(y)\mathrm{d}(\lambda^{-1}y) = \int_{\mathbb{R}^n} \hat{h}(\xi)\lambda^{-n}g(\lambda^{-1}\xi)\mathrm{d}\xi,$$

即

$$\int_{\mathbb{R}^n} h(\lambda^{-1}y)\hat{g}(y)\mathrm{d}y = \int_{\mathbb{R}^n} \hat{h}(\xi)g(\lambda^{-1}\xi)\mathrm{d}\xi.$$

令 $\lambda \to \infty$, 我们有

$$h(0)\int_{\mathbb{R}^n} \hat{g}(y)\mathrm{d}y = g(0)\int_{\mathbb{R}^n} \hat{h}(\xi)\mathrm{d}\xi.$$

当 $g(x) = \mathrm{e}^{-\pi|x|^2}$ 时, 由引理 1.1.1 得

$$h(0) = \int_{\mathbb{R}^n} \hat{h}(\xi)\mathrm{d}\xi.$$

若令 $h = \tau_x f$, 则

$$f(x) = (\tau_x f)(0) = h(0) = \int_{\mathbb{R}^n} \widehat{\tau_x f}(\xi)\mathrm{d}\xi = \int_{\mathbb{R}^n} \hat{f}(\xi)\mathrm{e}^{2\pi\mathrm{i}x\xi}\mathrm{d}\xi.$$

这就完成了命题的证明. $\qquad\qquad\square$

如果记 $\tilde{f}(x) = f(-x)$, 那么由命题 1.1.7 可以得到下面的推论.

推论 1.1.1　若 $f \in \mathscr{S}(\mathbb{R}^n)$, 则 $\hat{\hat{f}} = \tilde{f}$, 所以傅里叶变换的周期为 4.

1.2　傅里叶变换的 $L^p(1 < p \leqslant 2)$ 理论

为了介绍傅里叶变换的 $L^p(1 < p \leqslant 2)$ 理论, 我们需要引入缓增分布空间.

定义 1.2.1　我们称 Schwartz 函数空间 $\mathscr{S}(\mathbb{R}^n)$ 的对偶空间 $\mathscr{S}'(\mathbb{R}^n)$ 为缓增分布空间.

当 $f \in L^p(\mathbb{R}^n)$, $1 \leqslant p \leqslant \infty$ 时, 我们可以把 f 看作一个缓增分布, 其定义如下:

$$T_f(\phi) = \int_{\mathbb{R}^n} f(x)\phi(x)\mathrm{d}x,$$

从而 $L^p(\mathbb{R}^n)$ 中的傅里叶变换都可以在分布意义下来定义.

定义 1.2.2　$T \in \mathscr{S}'(\mathbb{R}^n)$ 的傅里叶变换 $\hat{T}$ 是如下定义的一个缓增分布:

$$\hat{T}(\phi) = T(\hat{\phi}), \quad \phi \in \mathscr{S}(\mathbb{R}^n).$$

为了研究缓增分布的傅里叶变换, 我们首先定义缓增分布的导数.

定义 1.2.3　设 $u \in \mathscr{S}'(\mathbb{R}^n)$, α 为多重指标, 定义

$$\langle \partial^\alpha u, f \rangle = (-1)^{|\alpha|} \langle u, \partial^\alpha f \rangle.$$

下面求解缓增分布的傅里叶变换.

例 1　原点处的 Dirac 测度 δ_0 的定义为

$$\langle \delta_0, \phi \rangle = \phi(0),$$

这里的 $\phi \in \mathscr{S}(\mathbb{R}^n)$. 我们可以得到 $\hat{\delta}_0 = 1$, 进一步,

$$(\partial^\alpha \delta_0)^\wedge = (2\pi\mathrm{i}x)^\alpha.$$

事实上, 对于任意 $f \in \mathscr{S}(\mathbb{R}^n)$, 有

$$\begin{aligned}
\langle (\partial^\alpha \delta_0)^\wedge, f \rangle &= \langle \partial^\alpha \delta_0, \hat{f} \rangle \\
&= (-1)^{|\alpha|} \langle \delta_0, \partial^\alpha \hat{f} \rangle \\
&= (-1)^{|\alpha|} \langle \delta_0, ((-2\pi\mathrm{i}x)^\alpha f(x))^\wedge \rangle
\end{aligned}$$

$$= (-1)^{|\alpha|} \left((-2\pi \mathrm{i} x)^\alpha f(x) \right)^\wedge (0)$$

$$= (-1)^{|\alpha|} \int_{\mathbb{R}^n} (-2\pi \mathrm{i} x)^\alpha f(x) \mathrm{d} x$$

$$= \int_{\mathbb{R}^n} (2\pi \mathrm{i} x)^\alpha f(x) \mathrm{d} x,$$

所以 $(\partial^\alpha \delta_0)^\wedge$ 等于函数 $(2\pi \mathrm{i} x)^\alpha$.

关于缓增分布的傅里叶变换, 我们有下面的结论.

定理 1.2.1　傅里叶变换是从 $\mathscr{S}'(\mathbb{R}^n)$ 到 $\mathscr{S}'(\mathbb{R}^n)$ 的一个有界线性双射且它的逆也是有界的.

证明　易知, 傅里叶变换是从 $\mathscr{S}'(\mathbb{R}^n)$ 到 $\mathscr{S}'(\mathbb{R}^n)$ 的线性映射. 事实上, 对于 $\forall \alpha, \beta \in \mathbb{R}$, $T_1, T_2 \in \mathscr{S}'(\mathbb{R}^n)$ 和 $\forall \phi \in \mathscr{S}(\mathbb{R}^n)$, 我们有

$$(\widehat{\alpha T_1 + \beta T_2})(\phi) = (\alpha T_1 + \beta T_2)(\hat{\phi}) = \alpha T_1(\hat{\phi}) + \beta T_2(\hat{\phi}) = \alpha \hat{T}_1(\phi) + \beta \hat{T}_2(\phi).$$

若 $\hat{T}_1 = \hat{T}_2$, 则对于 $\forall \phi \in \mathscr{S}(\mathbb{R}^n)$, 有

$$T_1(\phi) = T_1(\check{\hat{\phi}}) = \hat{T}_1(\check{\phi}) = \hat{T}_2(\check{\phi}) = T_2(\check{\hat{\phi}}) = T_2(\phi),$$

即 $T_1 = T_2$, 故傅里叶变换为单射.

对于任意 $T \in \mathscr{S}'(\mathbb{R}^n)$, 令 $T_1 \in \mathscr{S}'(\mathbb{R}^n)$ 且定义 $T_1(\phi) = T(\check{\phi})$, $\phi \in \mathscr{S}(\mathbb{R}^n)$, 则

$$\hat{T}_1(\phi) = T_1(\hat{\phi}) = T(\check{\hat{\phi}}) = T(\phi),$$

即 $\hat{T}_1 = T$, 所以傅里叶变换为满射.

任取 $\mathscr{S}'(\mathbb{R}^n)$ 中的点列 $\{T_n\}$, 该点列在 $\mathscr{S}'(\mathbb{R}^n)$ 中收敛到 T, 则对于任意的 $\phi \in \mathscr{S}(\mathbb{R}^n)$, 我们有

$$\hat{T}_n(\phi) = T_n(\hat{\phi}) \to T(\hat{\phi}) = \hat{T}(\phi),$$

所以傅里叶变换连续.

因为傅里叶变换的周期为 4, 所以傅里叶逆变换可以看作 3 次傅里叶变换, 从而傅里叶逆变换也是连续的. □

下面定义关于分布的运算. 缓增分布 u 的平移 $\tau^t u$, 伸缩 $\delta^a u$ 和反射 $\tilde{u}$ 的定义如下:

$$\langle \tau^t u, f \rangle = \langle u, \tau^{-t} f \rangle,$$

$$\langle \delta^a u, f \rangle = \langle u, a^{-n} \delta^{1/a} f \rangle,$$

$$\langle \tilde{u}, f \rangle = \langle u, \tilde{f} \rangle,$$

这里 $t \in \mathbb{R}^n, a > 0$. 我们还可以定义一个 Schwartz 函数和一个缓增分布的卷积.

定义 1.2.4 设 $h \in \mathscr{S}(\mathbb{R}^n), u \in \mathscr{S}'(\mathbb{R}^n)$, 它们的卷积定义为

$$\langle h * u, f \rangle = \langle u, \tilde{h} * f \rangle, \quad f \in \mathscr{S}(\mathbb{R}^n).$$

例 2 设 $u = \delta_{x_0}, f \in \mathscr{S}(\mathbb{R}^n)$, 则 $f * u$ 为函数 $x \mapsto f(x - x_0)$ 且对于 $h \in \mathscr{S}(\mathbb{R}^n)$, 我们有

$$\langle f * \delta_{x_0}, h \rangle = \langle \delta_{x_0}, \tilde{f} * h \rangle = \tilde{f} * h(x_0) = \int_{\mathbb{R}^n} f(x - x_0) h(x) \mathrm{d}x.$$

特别地, f 与 δ_{x_0} 的卷积在分布意义下等于 f.

我们可以定义一个缓增分布的紧支集.

定义 1.2.5 一个缓增分布 u 的紧支集为满足下面条件的所有闭集 K 的交集:

$$\phi \in C_0^\infty(\mathbb{R}^n) : \operatorname{supp}\phi \subset K \subset \mathbb{R}^n \Longrightarrow \langle u, \phi \rangle = 0.$$

定理 1.2.2   如果 $u \in \mathscr{S}'(\mathbb{R}^n)$, $\phi \in \mathscr{S}(\mathbb{R}^n)$, 则 $\phi * u$ 为一个光滑函数且对于任意的 $x \in \mathbb{R}^n$, 都有

$$(\phi * u)(x) = \langle u, \tau^x \tilde{\phi} \rangle.$$

进一步, 对于所有多重指标 α, 都存在常数 C_α, $K_\alpha > 0$ 使得

$$|\partial^\alpha(\phi * u)(x)| \leqslant C_\alpha(1 + |x|)^{K_\alpha}.$$

特别地, 若 u 具有紧支集, 则 $\phi * u$ 是一个 Schwartz 函数.

下面关于缓增分布的稠密性定理是我们后面经常用到的一个重要结论.

命题 1.2.1   给定 $u \in \mathscr{S}'(\mathbb{R}^n)$, 存在一列 C_0^∞ 中的函数 $\{f_k\}$ 使得在分布意义下有 $f_k \to u$. 特别地, C_0^∞ 在 $\mathscr{S}'(\mathbb{R}^n)$ 中稠密.

特别地, 当 $1 \leqslant p \leqslant 2$ 时, 对于 $f \in L^p(\mathbb{R}^n)$, $\hat{f}$ 是一个函数. 事实上, 当 $f \in L^p(\mathbb{R}^n)$, $1 < p < 2$ 时, 令 $f_1 = f\chi_{\{x: |f(x)| > 1\}}$, $f_2 = f - f_1$, 则 $f_1 \in L^1(\mathbb{R}^n)$, $f_2 \in L^2(\mathbb{R}^n)$, 所以 $\hat{f} = \hat{f}_1 + \hat{f}_2 \in L^\infty + L^2$.

下面介绍 $L^2(\mathbb{R}^n)$ 中傅里叶变换的 Plancherel 等式.

定理 1.2.3   傅里叶变换是 $L^2(\mathbb{R}^n)$ 到 $L^2(\mathbb{R}^n)$ 的等距映射 (酉算子), 即当 $f \in L^2(\mathbb{R}^n)$ 时, 有 $\hat{f} \in L^2(\mathbb{R}^n)$ 且 $\|f\|_2 = \|\hat{f}\|_2$.

证明   对于任意 $f \in \mathscr{S}(\mathbb{R}^n)$, 令 $g = \bar{\hat{f}}$, 则 $\hat{g} = \hat{\bar{\hat{f}}} = \bar{f}$. 由乘法公式知,

$$\int_{\mathbb{R}^n} f(x)\bar{f}(x)\mathrm{d}x = \int_{\mathbb{R}^n} f(x)\hat{g}(x)\mathrm{d}x = \int_{\mathbb{R}^n} \hat{f}(x)g(x)\mathrm{d}x = \int_{\mathbb{R}^n} \hat{f}(x)\bar{\hat{f}}(x)\mathrm{d}x,$$

从而

$$\int_{\mathbb{R}^n} |f(x)|^2 \mathrm{d}x = \int_{\mathbb{R}^n} |\hat{f}(\xi)|^2 \mathrm{d}\xi,$$

即 $\|f\|_2 = \|\hat{f}\|_2$. $\square$

因为 $\mathscr{S}(\mathbb{R}^n)$ 在 $L^2(\mathbb{R}^n)$ 中稠密, 所以傅里叶变换可以从 $\mathscr{S}(\mathbb{R}^n)$ 上的等距算子延拓到 $L^2(\mathbb{R}^n)$ 上的等距算子.

为了进一步研究傅里叶变换, 我们引入下面的 Riesz-Thorin 插值定理.

定理 1.2.4　设 $1 \leqslant p_0, p_1, q_0, q_1 \leqslant \infty$, $1 < \theta < 1$, 令

$$\frac{1}{p} = \frac{1-\theta}{p_0} + \frac{\theta}{p_1}, \quad \frac{1}{q} = \frac{1-\theta}{q_0} + \frac{\theta}{q_1}.$$

如果 T 是从 $L^{p_0} + L^{p_1}$ 到 $L^{q_0} + L^{q_1}$ 的一个线性算子且满足

$$\|Tf\|_{q_0} \leqslant M_0 \|f\|_{p_0}, \quad f \in L^{p_0},$$

$$\|Tf\|_{q_1} \leqslant M_1 \|f\|_{p_1}, \quad f \in L^{p_1},$$

则

$$\|Tf\|_q \leqslant M_0^{1-\theta} M_1^\theta \|f\|_p, \quad f \in L^p.$$

上述定理的证明要用到三线定理.

由 Riesz-Thorin 插值定理, 我们可以得到下面的 Hausdorff-Young 不等式 .

推论 1.2.1　如果 $f \in L^p$, $1 \leqslant p \leqslant 2$, 则 $\hat{f} \in L^{p'}$ 且 $\|\hat{f}\|_{p'} \leqslant \|f\|_p$.

证明　由 $\|\hat{f}\|_\infty \leqslant \|f\|_1$, $\|\hat{f}\|_2 = \|f\|_2$ 及 Riesz-Thorin 插值定理可得: $\|\hat{f}\|_{p'} \leqslant \|f\|_p$. □

由 Riesz-Thorin 插值定理, 我们还可以得到下面的 Young 不等式 .

推论 1.2.2　如果 $f \in L^p(\mathbb{R}^n)$, $g \in L^q(\mathbb{R}^n)$, 则 $f * g \in L^r(\mathbb{R}^n)$, 其中 $\frac{1}{r} = \frac{1}{p} + \frac{1}{q} - 1$. 进一步, 我们有 $\|f * g\|_r \leqslant \|f\|_p \|g\|_q$.

证明　由卷积的定义易知:

$$\|f * g\|_p \leqslant \|f\|_p \|g\|_1,$$

$$\|f * g\|_\infty \leqslant \|f\|_p \|g\|_{p'},$$

从而由 Riesz-Thorin 插值定理可知, $\|f * g\|_r \leqslant \|f\|_p \|g\|_q$. □

习 题 1

1. 设 $f_k, f \in \mathscr{S}(\mathbb{R}^n)$ 且在 $\mathscr{S}(\mathbb{R}^n)$ 中有 $f_k \to f$, 证明: 在 $\mathscr{S}(\mathbb{R}^n)$ 中 $\hat{f}_k \to \hat{f}$ 且 $(f_k)^\vee \to f^\vee$.

2. 设 $f \in L^1(\mathbb{R}^n)$.

(1) 证明:

$$\int_{-\infty}^{+\infty} f(x - \frac{1}{x}) \mathrm{d}x = \int_{-\infty}^{+\infty} f(u) \mathrm{d}u.$$

(2) 令 $f(x) = \mathrm{e}^{-tx^2}$, 证明下面的从属性原理:

$$\mathrm{e}^{-2t} = \frac{1}{\sqrt{\pi}} \int_0^\infty \mathrm{e}^{-y - t^2/y} \frac{\mathrm{d}y}{\sqrt{y}}, \quad t > 0.$$

(3) 证明: 当 $t = \pi|x|$ 时, 关于 $\mathrm{e}^{-2\pi\mathrm{i}\xi x} \mathrm{d}x$ 积分可得

$$(\mathrm{e}^{-2\pi|x|})^\wedge(\xi) = \frac{\Gamma\left(\dfrac{n+1}{2}\right)}{\pi^{\frac{n+1}{2}}} \frac{1}{(1 + |\xi|^2)^{\frac{n+1}{2}}}.$$

3. 设 $1 \leqslant p \leqslant \infty$ 且 p' 表示 p 的共轭指标.

(1) 证明: 定义在直线上的 Schwartz 函数 f 满足估计

$$\|f\|_{L^\infty}^2 \leqslant 2\|f\|_{L^p} \|f'\|_{L^{p'}}.$$

(2) 证明: 定义在 $\mathbb{R}^n$ 上的所有 Schwartz 函数 f 满足估计

$$\|f\|_{L^\infty}^2 \leqslant \sum_{|\alpha|+|\beta|=n} \|\partial^\alpha f\|_{L^p} \|\partial^\beta f\|_{L^{p'}}.$$

4. 证明: 对于 $a > 0$, $u \in \mathscr{S}'(\mathbb{R}^n)$ 和 $f \in \mathscr{S}(\mathbb{R}^n)$, 我们有

$$(\delta^a f) * (\delta^a u) = a^{-n}\delta^a(f * u).$$

5. 证明: $\chi_{[a,b]}$ 的导数为 $\delta_a - \delta_b$.

6. 设 $f \in L^p(\mathbb{R}^n)$, $1 \leqslant p < \infty$. 证明: 函数序列

$$g_N(\xi) = \int_{B(0,N)} f(x)e^{-2\pi i x \xi}dx$$

在分布意义下收敛到 $\hat{f}$.

7. 令 P_t 表示 Poisson 核, 证明对于 $f \in L^p(\mathbb{R}^n)$, $1 \leqslant p < \infty$, 函数

$$(x, t) \mapsto (P_t * f)(x)$$

是一个调和函数, 并利用傅里叶变换证明对于 $x \in \mathbb{R}^n$, 有

$$(P_{t_1} * P_{t_2})(x) = P_{t_1+t_2}(x).$$

8. 设

$$\psi(x) = \begin{cases} e^{-\frac{1}{1-|x|^2}}, & |x| < 1, \\ 0, & |x| \geqslant 1. \end{cases}$$

证明: $\psi \in C_c^{\infty}(\mathbb{R}^n)$.

9. 设 $\{f_j\}$ 是 $L^1(\mathbb{R}^n)$ 中的 Cauchy 列, 证明: 存在 $f \in L^1(\mathbb{R}^n)$ 使得当 $j \to \infty$ 时, $\{\hat{f}_j\}$ 在 $\mathbb{R}^n$ 中一致收敛到 $\hat{f}$.

10. 证明: 对任意的 $f \in L^1(\mathbb{R}^n)$, 集合 $N(f) = \{\xi \in \mathbb{R} : \hat{f}(\xi) = 0\}$ 为 $\mathbb{R}$ 中的闭集.

11. 证明: $L^1(\mathbb{R})$ 中奇 (偶) 函数的傅里叶变换仍为奇 (偶) 函数.

12. 证明: 集合 $\{f \in L^1(\mathbb{R}^n) : \hat{f} \in L^1(\mathbb{R}^n)\}$ 在 $L^1(\mathbb{R}^n)$ 中稠密.

第 2 章 Hardy-Littlewood 极大函数

在本章, 我们将介绍 Hardy-Littlewood 极大函数, 它是一个函数在所有包含固定点的球上的最大平均, 在证明一些积分等式的几乎处处收敛等方面具有重要的应用, 如恒等逼近、Lebesgue 微分定理等.

2.1 恒 等 逼 近

设 ϕ 为 $\mathbb{R}^n$ 上的一个可积函数且 $\int_{\mathbb{R}^n} \phi(x)\mathrm{d}x = 1$, 对于 $t > 0$, 令 $\phi_t(x) = t^{-n}\phi(t^{-1}x)$. 当 $t \to 0$ 时, ϕ_t 在分布意义下收敛到零点的 Dirac 测度 δ_0. 事实上, 对于 $g \in \mathscr{S}(\mathbb{R}^n)$, 有

$$\phi_t(g) = \int_{\mathbb{R}^n} t^{-n}\phi(t^{-1}x)g(x)\mathrm{d}x = \int_{\mathbb{R}^n} \phi(x)g(tx)\mathrm{d}x,$$

从而由控制收敛定理可得

$$\lim_{t \to 0} \phi(g) = g(0) = \delta_0(g).$$

因为 $\delta_0 * g = g$, 所以对于 $g \in \mathscr{S}(\mathbb{R}^n)$, 在逐点收敛意义下, 有

$$\lim_{t \to 0} \phi_t * g(x) = g(x).$$

基于上述等式, 我们称 $\{\phi_t : t > 0\}$ 为一个恒等逼近.

下面我们给出一个恒等逼近的例子.

例 1 对于 $x \in \mathbb{R}$, 令 $P(x) = \dfrac{1}{\pi(1+x^2)}$, $P_t(x) = t^{-1}P(t^{-1}x)$, 其中 $t > 0$, 则 $\{P_t, \, t > 0\}$ 为恒等逼近.

解: 因为

$$\int_{-\infty}^{+\infty} \frac{1}{1+x^2}\mathrm{d}x = \lim_{x \to +\infty} \arctan x - \lim_{x \to -\infty} \arctan x = \pi,$$

所以 $\displaystyle\int_{-\infty}^{+\infty} P(x)\mathrm{d}x = 1$, 从而 $\{P_t, \, t > 0\}$ 为恒等逼近.

关于恒等逼近, 我们有下面的结论.

定理 2.1.1 设 $\{\phi_t : t > 0\}$ 为一个恒等逼近, 则当 $f \in L^p(\mathbb{R}^n)$, $1 \leqslant p < \infty$ 时, 有

$$\lim_{t \to 0} \|\phi_t * f - f\|_p = 0.$$

特别地, 当 $f \in C_0(\mathbb{R}^n)$ 时, $\phi_t * f$ 一致收敛到 f.

证明 由 $\displaystyle\int_{\mathbb{R}^n} \phi(x)\mathrm{d}x = 1$ 可得

$$\phi_t * f(x) - f(x) = \int_{\mathbb{R}^n} \phi(y)[f(x-ty) - f(x)]\mathrm{d}y.$$

对于任意的 $\varepsilon > 0$, 存在 $\delta > 0$ 使得当 $|h| < \delta$ 时, 有

$$\|f(\cdot + h) - f(\cdot)\|_p < \frac{\varepsilon}{2\|\phi\|_1}.$$

由 Lebesgue 积分的性质可知: 对于上述 δ, 当 t 充分小的时候, 有

$$\int_{\{y:|y|\geqslant \delta/t\}} |\phi(y)|\mathrm{d}y \leqslant \frac{\varepsilon}{4\|f\|_p}.$$

从而由 Minkowski 不等式得

$$\|\phi_t * f - f\|_p \leqslant \int_{\mathbb{R}^n} |\phi(y)| \|f(\cdot - ty) - f(\cdot)\|_p \mathrm{d}y$$

$$= \int_{\{y:|y|<\delta/t\}} |\phi(y)| \|f(\cdot - ty) - f(\cdot)\|_p \mathrm{d}y +$$

$$\int_{\{y:|y|\geqslant\delta/t\}} |\phi(y)| \|f(\cdot - ty) - f(\cdot)\|_p \mathrm{d}y$$

$$\leqslant \int_{\{y:|y|<\delta/t\}} |\phi(y)| \|f(\cdot - ty) - f(\cdot)\|_p \mathrm{d}y + 2\|f\|_p \int_{\{y:|y|\geqslant\delta/t\}} |\phi(y)| \mathrm{d}y$$

$$< \varepsilon,$$

即对于 $1 \leqslant p < \infty$, $\lim_{t\to 0} \|\phi_t * f - f\|_p = 0$. 当 $p = \infty$ 时, 类似可证. □

利用定理 2.1.1, 我们可以得到下面的推论.

推论 2.1.1 设 K 是 $\mathbb{R}^n$ 上的一个可积函数, 且积分为 1. 若 K 存在一个单调下降的连续可积径向控制, 则当 $\varepsilon \to 0$ 时, 对于 $f \in L^p(\mathbb{R}^n)$, $1 \leqslant p < \infty$, 都有 $(f * K_\varepsilon)(x) \to f(x)$ a.e. $x \in \mathbb{R}^n$.

推论 2.1.2 设 K 是 $\mathbb{R}^n$ 上的一个可积函数, 且积分为 a. 若 K 存在一个单调下降的可积径向控制, 则当 $\varepsilon \to 0$ 时, 对于 $f \in L^p(\mathbb{R}^n)$, $1 \leqslant p < \infty$, 都有 $(f * K_\varepsilon)(x) \to af(x)$ a.e. $x \in \mathbb{R}^n$.

2.2　弱型不等式

本节将介绍弱 L^p 有界及相关的弱型不等式. 首先我们给出弱 L^p 有界的定义.

定义 2.2.1 设 T 是从 $L^p(\mathbb{R}^n)$ 到 $L^q(\mathbb{R}^n)$ 的一个算子, 我们称 T 是弱 (p,q) 有界的, 如果存在常数 C, 使得对于任意的 $f \in L^p(\mathbb{R}^n)$ 和 $\lambda > 0$ 都有

$$|\{y \in \mathbb{R}^n : |Tf(y)| > \lambda\}| \leqslant \left(\frac{C\|f\|_p}{\lambda}\right)^q,$$

其中, $q < \infty$. 我们称 T 是弱 (p,∞) 有界的, 如果 T 是从 $L^p(\mathbb{R}^n)$ 到 $L^\infty(\mathbb{R}^n)$ 有

界的.

当 T 从 $L^p(\mathbb{R}^n)$ 到 $L^q(\mathbb{R}^n)$ 有界时, 我们称 T 是强 (p,q) 有界的. 易知, 如果 T 是强 (p,q) 有界的, 则 T 是弱 (p,q) 有界的. 事实上, 如果令 $E_\lambda = \{y \in \mathbb{R}^n : |Tf(y)| > \lambda\}$, 则

$$|E_\lambda| = \int_{E_\lambda} \mathrm{d}x \leqslant \int_{E_\lambda} \left| \frac{Tf(x)}{\lambda} \right|^q \mathrm{d}x \leqslant \frac{\|Tf\|_q^q}{\lambda^q} \leqslant \left(\frac{C\|f\|_p}{\lambda} \right)^q.$$

关于弱有界和几乎处处收敛, 我们有下面的关系式.

定理 2.2.1 设 $\{T_t\}$ 是定义在 $L^p(\mathbb{R}^n)$ 上的一族线性算子, 令

$$T^*f(x) = \sup_{t>0} |T_t f(x)|,$$

则当 T^* 弱 (p,q) 有界时,

$$\{f \in L^p(\mathbb{R}^n) : \lim_{t \to t_0} T_t f(x) = f(x) \ \text{a.e.} \ x \in \mathbb{R}^n\}$$

是 $L^p(\mathbb{R}^n)$ 中的闭集.

证明 令 $\{f_n\}$ 为 $L^p(\mathbb{R}^n)$ 中一列收敛到 f 的函数且满足当 $t \to t_0$ 时, $T_t f_n(x)$ 几乎处处收敛到 $f_n(x)$, 则对于任意 $\lambda > 0$, 有

$$\left| \left\{ x \in \mathbb{R}^n : \limsup_{t \to t_0} |T_t f(x) - f(x)| > \lambda \right\} \right|$$

$$\leqslant \left| \left\{ x \in \mathbb{R}^n : \limsup_{t \to t_0} |T_t(f - f_n)(x) - (f - f_n)(x)| > \lambda \right\} \right|$$

$$\leqslant \left| \left\{ x \in \mathbb{R}^n : T^*(f - f_n)(x) > \frac{\lambda}{2} \right\} \right| + \left| \left\{ x \in \mathbb{R}^n : |(f - f_n)(x)| > \frac{\lambda}{2} \right\} \right|$$

$$\leqslant \left(\frac{2C}{\lambda} \|f - f_n\|_p \right)^q + \left(\frac{2}{\lambda} \|f - f_n\|_p \right)^p.$$

当 $n \to \infty$ 时, 上述不等式趋于零, 从而

$$\left| \left\{ x \in \mathbb{R}^n : \limsup_{t \to t_0} |T_t f(x) - f(x)| > 0 \right\} \right|$$

$$\leqslant \sum_{k=1}^{\infty} \left| \left\{ x \in \mathbb{R}^n : \limsup_{t \to t_0} |T_t f(x) - f(x)| > \frac{1}{k} \right\} \right|$$
$$= 0.$$

类似可证集合

$$\{ f \in L^p(\mathbb{R}^n) : \lim_{t \to t_0} T_t f(x) \text{ 几乎处处存在} \}$$

在 $L^p(\mathbb{R}^n)$ 中是闭集. 事实上, 我们只需证明对于任意 $\lambda > 0$ 有

$$\left| \left\{ x \in \mathbb{R}^n : \limsup_{t \to t_0} T_t f(x) - \liminf_{t \to t_0} T_t f(x) > \lambda \right\} \right| = 0.$$

上式可由

$$\limsup_{t \to t_0} T_t f(x) - \liminf_{t \to t_0} T_t f(x) \leqslant 2T^* f(x)$$

得到. □

下面我们介绍弱有界的插值定理, 即 Marcinkiewicz 插值定理. 我们先给出分布函数的定义.

定义 2.2.2　设 $f : \mathbb{R}^n \to \mathbb{C}$ 是一个可测函数, 我们称函数 $\alpha_f : (0, \infty) \to [0, \infty]$ 为 f 的分布函数, 如果

$$\alpha_f(\lambda) = |\{ x \in \mathbb{R}^n : |f(x)| > \lambda \}|.$$

关于分布函数, 我们有下面的结论.

命题 2.2.1　设 $\phi : [0, \infty) \to [0, \infty)$ 是一个可微的单调递增函数且满足 $\phi(0) = 0$, 则

$$\int_{\mathbb{R}^n} \phi(|f(x)|)\mathrm{d}x = \int_0^{\infty} \phi'(\lambda)\alpha_f(\lambda)\mathrm{d}\lambda.$$

证明 由 Fubini 定理知:

$$\int_{\mathbb{R}^n} \phi(|f(x)|)\mathrm{d}x = \int_{\mathbb{R}^n} \int_0^{|f(x)|} \phi'(\lambda)\mathrm{d}\lambda\mathrm{d}x = \int_0^\infty \phi'(\lambda)\alpha_f(\lambda)\mathrm{d}\lambda.$$

特别地, 若取 $\phi(\lambda) = \lambda^p$, 则

$$\|f\|_p^p = p\int_0^\infty \lambda^{p-1}\alpha_f(\lambda)\mathrm{d}\lambda. \qquad \square$$

定义 2.2.3 设 T 是一个从 $L^p(\mathbb{R}^n)$ 到 $L^q(\mathbb{R}^n)$ 的算子, 如果它满足

$$|T(f_0 + f_1)(x)| \leqslant |Tf_0(x)| + |Tf_1(x)|;$$

$$|T(\lambda f)| = |\lambda||Tf|, \quad \lambda \in \mathbb{C},$$

我们称 T 是次线性算子.

下面我们证明 Marcinkiewicz 插值定理.

定理 2.2.2 设 $1 \leqslant p_0 < p_1 \leqslant \infty$, T 是定义在 $L^{p_0}(\mathbb{R}^n) + L^{p_1}(\mathbb{R}^n)$ 上的一个次线性算子. 若 T 是弱 (p_0, p_0) 有界和弱 (p_1, p_1) 有界的, 则 T 是强 (p, p) 有界的, 其中 $p_0 < p < p_1$.

证明 给定 $f \in L^p(\mathbb{R}^n)$, 对于任意的 $\lambda > 0$, 令

$$f_0 = f\chi_{\{x \in \mathbb{R}^n : |f(x)| > c\lambda\}}, f_1 = f\chi_{\{x \in \mathbb{R}^n : |f(x)| \leqslant c\lambda\}},$$

则 $f = f_0 + f_1$, 这里 c 是一个待定的常数. 由

$$\begin{aligned}
\int_{\mathbb{R}^n} |f_0(x)|^{p_0}\mathrm{d}x &= \int_{\mathbb{R}^n} \left(\frac{|f_0(x)|}{c\lambda}\right)^{p_0} (c\lambda)^{p_0}\mathrm{d}x \\
&\leqslant \int_{\mathbb{R}^n} \left(\frac{|f(x)|}{c\lambda}\right)^p (c\lambda)^{p_0}\mathrm{d}x
\end{aligned}$$

$$\leqslant (c\lambda)^{p_0-p} \int_{\mathbb{R}^n} |f(x)|^p \mathrm{d}x < \infty$$

可知: $f_0 \in L^{p_0}(\mathbb{R}^n)$. 同理有 $f_1 \in L^{p_1}(\mathbb{R}^n)$. 进一步, 我们有

$$|Tf(x)| \leqslant |Tf_0(x)| + |Tf_1(x)|,$$

所以

$$\alpha_{Tf}(\lambda) \leqslant \alpha_{Tf_0}(\lambda/2) + \alpha_{Tf_1}(\lambda/2).$$

当 $p_1 = \infty$ 时, 由条件可知, 存在常数 A_1 使得 $\|Tg\|_\infty \leqslant A_1\|g\|_\infty$. 令 $c = \dfrac{1}{2A_1}$, 则 $\alpha_{Tf_1}(\lambda/2) = 0$. 再由 T 是弱 (p_0, p_0) 有界的, 有

$$\alpha_{Tf_0}(\lambda/2) \leqslant \left(\frac{2A_0}{\lambda}\|f_0\|_{p_0}\right)^{p_0},$$

其中 A_0 为常数. 从而

$$
\begin{aligned}
\|Tf\|_p^p &= p\int_0^\infty \lambda^{p-1}\alpha_{Tf}(\lambda)\mathrm{d}\lambda \\
&\leqslant p\int_0^\infty \lambda^{p-1-p_0}(2A_0)^{p_0}\int_{\{x:|f(x)|>c\lambda\}} |f(x)|^{p_0}\mathrm{d}x\mathrm{d}\lambda \\
&= p(2A_0)^{p_0}\int_{\mathbb{R}^n}|f(x)|^{p_0}\int_0^{|f(x)|c}\lambda^{p-1-p_0}\mathrm{d}\lambda\mathrm{d}x \\
&= \frac{p}{p-p_0}(2A_0)^{p_0}(2A_1)^{p-p_0}\|f\|_p^p.
\end{aligned}
$$

当 $p_1 < \infty$ 时, 我们有

$$\alpha_{Tf_i}(\lambda/2) \leqslant \left(\frac{2A_i}{\lambda}\|f_i\|_{p_i}\right)^{p_i}, \quad i = 0, 1.$$

所以

$$\|Tf\|_p^p \leqslant p\int_0^\infty \lambda^{p-1-p_0}(2A_0)^{p_0}\int_{\{x:|f(x)|>c\lambda\}}|f(x)|^{p_0}\mathrm{d}x\mathrm{d}\lambda +$$

$$p \int_0^\infty \lambda^{p-1-p_1} (2A_1)^{p_1} \int_{\{x:|f(x)|\leqslant c\lambda\}} |f(x)|^{p_1} \mathrm{d}x \mathrm{d}\lambda$$

$$= \left(\frac{2^{p_0} p}{p - p_0} \frac{A_0^{p_0}}{c^{p-p_0}} + \frac{2^{p_1} p}{p_1 - p} \frac{A_1^{p_1}}{c^{p-p_1}} \right) \|f\|_p^p. \qquad \square$$

在上述定理中, 我们可以更精确地得到

$$\|Tf\|_p \leqslant 2p^{1/p} \left(\frac{1}{p - p_0} + \frac{1}{p_1 - p} \right)^{1/p} A_0^{1-\theta} A_1^\theta \|f\|_p,$$

其中,

$$\frac{1}{p} = \frac{\theta}{p_1} + \frac{1-\theta}{p_0}, \quad 0 < \theta < 1.$$

进一步, 我们有下面的 Riesz-Thorin 插值定理.

定理 2.2.3 令 $1 \leqslant p_0, p_1, q_0, q_1 \leqslant \infty$, T 是一个从 $L^{p_0} + L^{p_1}$ 到 $L^{q_0} + L^{q_1}$ 的线性算子且满足

$$\|T(f)\|_{L^{q_0}} \leqslant M_0 \|f\|_{L^{p_0}}, \quad \|T(f)\|_{L^{q_1}} \leqslant M_1 \|f\|_{L^{p_1}},$$

则对于所有 $0 < \theta < 1$, 有

$$\|T(f)\|_{L^q} \leqslant M_0^{1-\theta} M_1^\theta \|f\|_{L^p},$$

其中,

$$\frac{1}{p} = \frac{1-\theta}{p_0} + \frac{\theta}{p_1}, \quad \frac{1}{q} = \frac{1-\theta}{q_0} + \frac{\theta}{q_1}.$$

2.3 二进极大函数

本节将介绍二进极大函数. 我们用 $[0,1)^n$ 来表示欧氏空间 $\mathbb{R}^n$ 上中心在原点的单位右开方体, 用 $\mathscr{Q}_0$ 表示欧氏空间 $\mathbb{R}^n$ 中顶点为整数, 边长为 1 的右开方

体所构成的集族. 若用 $\mathscr{Q}_k$ 表示 $\mathscr{Q}_0$ 中的方体用 $2^{-k}(k \in \mathbb{Z})$ 作伸缩变换后得到的集族, 则 $\mathscr{Q}_k$ 中的方体称为二进方体, 即 $\bigcup\limits_k \mathscr{Q}_k$ 中的方体为二进方体.

关于二进方体, 我们有下面的性质:

(1) 给定 $x \in \mathbb{R}^n$, $\mathscr{Q}_k$ 中存在唯一的二进方体包含 x;

(2) 任意两个二进方体要么互不相交, 要么一个包含另外一个;

(3) 当 $j < k$ 时, 对于 $\mathscr{Q}_k$ 中的任何一个方体 Q, 在 $\mathscr{Q}_j$ 中都存在唯一的一个二进方体包含 Q, 其中 Q 包含 $\mathscr{Q}_{k+1}$ 中的 2^n 个二进方体.

设 $f \in L^1_{\mathrm{loc}}(\mathbb{R}^n)$, 令

$$E_k f(x) = \sum_{Q \in \mathscr{Q}_k} \left(\frac{1}{|Q|} \int_Q f(x)\mathrm{d}x \right) \chi_Q(x),$$

则当 Ω 为 $\mathscr{Q}_k$ 中一些二进方体的并集时, 我们有

$$\int_\Omega E_k f(x)\mathrm{d}x = \int_\Omega f(x)\mathrm{d}x.$$

下面给出二进极大函数的定义.

定义 2.3.1　二进极大函数的定义为

$$M_{\mathrm{d}} f(x) = \sup_k |E_k f(x)| = \sup_{x \in Q \in \cup\limits_k \mathscr{Q}_k} \frac{1}{|Q|} \int_Q |f(y)|\mathrm{d}y.$$

接下来证明二进极大函数在 $L^p(\mathbb{R}^n)$ 上的有界性.

定理 2.3.1　二进极大函数是弱 $(1,1)$ 和强 (p,p) $(1 < p \leqslant \infty)$ 有界的.

证明　由二进极大函数的定义可得:

$$\|M_{\mathrm{d}} f\|_\infty \leqslant \|f\|_\infty,$$

从而由 Marcinkiewicz 插值定理知: 只需证明 M_{d} 是弱 $(1,1)$ 有界的.

给定 $f \in L^1(\mathbb{R}^n)$, 为了不失一般性, 我们可以假设 f 是非负的. 对于一般的实值 f, 我们可以考虑它的正部和负部; 对于复值 f, 我们可以考虑它的实部和虚部. 对于任意的 $\lambda > 0$, 令

$$\{x \in \mathbb{R}^n : M_{\mathrm{d}}f(x) > \lambda\} = \bigcup_k \Omega_k,$$

其中,

$$\Omega_k = \left\{ x \in \mathbb{R}^n : \ 存在 \ Q_k \in \mathscr{Q}_k \ 使得 \ \frac{1}{|Q_k|} \int_{Q_k} |f(y)| \mathrm{d}y > \lambda \ 且 \right.$$
$$\left. 当 j < k \ 时 \ \frac{1}{|Q_j|} \int_{Q_j} |f(y)| \mathrm{d}y \leqslant \lambda \right\}.$$

易知, 集合 Ω_k 是互不相交并且每个都可以写成二进方体的并集, 所以

$$|\{x \in \mathbb{R}^n : M_{\mathrm{d}}f(x) > \lambda\}| = \sum_k \Omega_k \leqslant \sum_k \frac{1}{\lambda} \int_{\Omega_k} E_k f(x) \mathrm{d}x$$
$$= \frac{1}{\lambda} \sum_k \int_{\Omega_k} f(x) \mathrm{d}x \leqslant \frac{1}{\lambda} \|f\|_1. \qquad \Box$$

由定理 2.3.1 可得下面的推论.

推论 2.3.1 若 $f \in L^1_{\mathrm{loc}}(\mathbb{R}^n)$, 则

$$\lim_{k \to \infty} E_k f(x) = f(x) \ \text{a.e.} \ x \in \mathbb{R}^n.$$

在定理 2.3.1 的证明过程中, 我们用到了欧氏空间 $\mathbb{R}^n$ 中一个非常重要的分解, 即著名的 Calderón-Zygmund 分解.

定理 2.3.2 给定一个非负的可积函数 f 和正数 λ, 存在一列互不相交的二进方体 $\{Q_j\}$ 使得

(1) 对于几乎处处 $x \notin \bigcup_j Q_j, f(x) \leqslant \lambda$;

(2) $\left|\bigcup\limits_j Q_j\right| \leqslant \dfrac{1}{\lambda}\|f\|_1$;

(3) $\lambda < \dfrac{1}{|Q_j|}\displaystyle\int_{Q_j} f(x)\mathrm{d}x \leqslant 2^n\lambda$.

证明　首先证明 (1). 类似于定理 2.3.1 证明中指出的: Ω_k 可以表示成 $\mathscr{Q}_k$ 中互不相交的二进方体的并集, 从而 $\{Q_j\}$ 就是由所有满足条件的二进方体所构成的集族. 故 (1) 得证.

其次证明 (2). (2) 的证明可以由 M_{d} 的弱 $(1,1)$ 有界得到.

最后证明 (3). 由 Ω_k 的定义可知:

$$\frac{1}{|Q_j|}\int_{Q_j} f(x)\mathrm{d}x > \lambda.$$

若用 $\widetilde{Q}_j$ 表示包含 Q_j 且边长为其两倍的二进方体, 则

$$\frac{1}{|\widetilde{Q}_j|}\int_{\widetilde{Q}_j} f(x)\mathrm{d}x \leqslant \lambda,$$

从而

$$\frac{1}{|Q_j|}\int_{Q_j} f(x)\mathrm{d}x \leqslant \frac{|\widetilde{Q}_j|}{|Q_j|}\frac{1}{|\widetilde{Q}_j|}\int_{\widetilde{Q}_j} f(x)\mathrm{d}x \leqslant 2^n\lambda. \qquad \square$$

2.4　Hardy-Littlewood 极大函数

我们首先给出 Hardy-Littlewood 极大函数的定义.

定义 2.4.1　令 $B_r = B(x,r)$ 表示欧氏空间中球心在 x, 半径为 r 的球体, 则对于 $\mathbb{R}^n$ 上的局部可积函数 f, 其 Hardy-Littlewood 极大函数的定义为

$$Mf(x) = \sup_{B \ni x} \frac{1}{|B|}\int_B |f(y)|\mathrm{d}y,$$

此处的上确界是对所有包含 x 的球体取的.

注 2.4.1　Hardy-Littlewood 极大函数还可以利用二进方体来定义, 具体描述如下: 用 Q 表示欧氏空间 $\mathbb{R}^n$ 中的二进方体, 对于 $\mathbb{R}^n$ 上的局部可积函数 f, 定义

$$M'f(x) = \sup_{Q \ni x} \frac{1}{|Q|} \int_Q |f(y)|\mathrm{d}y,$$

则存在非负常数 c_n 和 C_n 使得

$$c_n M'f(x) \leqslant Mf(x) \leqslant C_n M'f(x).$$

下面我们给出一个计算 Hardy-Littlewood 极大函数的例子.

例 1　设 f 为闭区间 $[a,b]$ 上的特征函数, 则当 $x \in (a,b)$ 时, $Mf(x) = 1$; 当 $x \geqslant b$ 时, f 在区间 $(x-\delta, x+\delta)$ 上的平均值在 $\delta = x - a$ 时达到最大, 从而 $Mf(x) = \dfrac{b-a}{2|x-a|}$; 当 $x \leqslant a$ 时, f 在区间 $(x-\delta, x+\delta)$ 上的平均值在 $\delta = b - x$ 时达到最大, 从而 $Mf(x) = \dfrac{b-a}{2|x-b|}$.

我们将利用 Hardy-Littlewood 极大函数来控制其他算子, 相关结论如下.

定理 2.4.1　设 ϕ 在区间 $(0, \infty)$ 是一个径向递减的非负可积函数, 则

$$\sup_{t>0} |\phi_t * f(x)| \leqslant \|\phi\|_1 Mf(x),$$

这里 f 为局部可积函数.

证明　先假设 ϕ 是一个简单函数, 即

$$\phi(x) = \sum_j \lambda_j \chi_{B_{r_j}}(x),$$

其中, $\lambda_j > 0$, 则由 $\|\phi\|_1 = \sum \lambda_j |B_{r_j}|$ 可得

$$\phi * f(x) = \sum_j \lambda_j |B_{r_j}| \frac{1}{|B_{r_j}|} \chi_{B_{r_j}} * f(x) \leqslant \|\phi\|_1 Mf(x).$$

我们可以用一列单调递减的非负径向简单函数 ϕ_t 来逼近一般的函数 ϕ, 进一步, 令 $\|\phi_t\|_1 = \|\phi\|_1$, 从而对于每个 ϕ_t, 结论都是成立的, 这就完成了定理的证明. □

由定理 2.4.1, 我们可以得到下面的推论.

推论 2.4.1　若 ϕ 有一个单调下降的可积径向控制 Φ, 即存在一个单调下降的径向可积函数 Φ 使得 $|\phi(x)| \leqslant \Phi(x)$, 则极大函数 $\sup\limits_{t>0} |(f * \phi_t)(x)|$ 是弱 $(1,1)$ 和强 (p,p) 有界的, 其中 $1 < p \leqslant \infty$.

进一步, 我们还可以得到如下推论.

推论 2.4.2　若 ϕ 有一个单调下降的可积径向控制 Φ, 即存在一个单调下降的径向可积函数 Φ 使得 $|\phi(x)| \leqslant \Phi(x)$, 则对于 $f \in L^p(\mathbb{R}^n)$, $1 \leqslant p < \infty$ 或者 $f \in C_0(\mathbb{R}^n)$, 有

$$\lim_{t \to 0}(f * \phi_t)(x) = \int_{\mathbb{R}^n} \phi(x)\mathrm{d}x f(x) \quad \text{a.e. } x \in \mathbb{R}^n.$$

例 2　设函数

$$P(x) = \frac{c_n}{(1 + |x|^2)^{\frac{n+1}{2}}},$$

其中 c_n 是一个使得 $\displaystyle\int_{\mathbb{R}^n} P(x)\mathrm{d}x = 1$ 的常数. 函数 $P(x)$ 称为 Poisson 核. 对于 $t > 0$, 定义 $P_t(x) = t^{-n}P(t^{-1}x)$, 则当 $n \geqslant 2$ 时, 有

$$\frac{\mathrm{d}^2}{\mathrm{d}t^2}P_t + \sum_{j=1}^{n} \partial_j^2 P_t = 0,$$

即 $P_t(x_1, x_2, \cdots, x_n)$ 关于变量 $(x_1, x_2, \cdots, x_n, t)$ 构成一个调和函数. 因此, 对于 $f \in L^p(\mathbb{R}^n)$, $1 \leqslant p < \infty$, 函数

$$u(x, t) = (f * P_t)(x)$$

为 $\mathbb{R}_+^{n+1}$ 上的调和函数且当 $t \to 0$ 时在 L^p 中收敛到 f.

若当 $t \to 0$ 时, $f * P_t$ 几乎处处收敛到 f, 则 $u(x,t)$ 为 Dirichlet 问题

$$\partial_t^2 u + \sum_{j+1}^n \partial_j^2 u = 0 \ \text{在} \ \mathbb{R}_+^{n+1} \ \text{上成立},$$

$$u(x,0) = f(x) \quad \text{a.e.} \ x \in \mathbb{R}^n$$

的解. 为了研究 Dirichlet 问题, 我们需要研究 $f * P_t$ 的几乎处处收敛问题.

关于 Hardy-Littlewood 极大函数和二进极大函数, 我们有下面的关系式.

引理 2.4.1 若 f 是一个非负的函数, 则对于任意的正数 λ, 有

$$|\{x \in \mathbb{R}^n : M'f(x) > 4^n \lambda\}| \leqslant 2^n |\{x \in \mathbb{R}^n : M_{\mathrm{d}}f(x) > \lambda\}|.$$

证明 令 $2Q$ 表示中心与 Q 相同且边长为 Q 两倍的二进方体, 则由分解式

$$\{x \in \mathbb{R}^n : M_{\mathrm{d}}f(x) > \lambda\} = \bigcup_j Q_j$$

可知: 我们只需证明

$$\{x \in \mathbb{R}^n : M'f(x) > 4^n \lambda\} \subset \bigcup_j 2Q_j.$$

如果 $x \notin \bigcup_j 2Q_j$, 令 Q 表示中心为 x, 边长为 $l(Q)$ 的二进方体. 选取 $k \in \mathbb{Z}$ 使得 $2^{-k-1} \leqslant l(Q) < 2^{-k}$, 则 Q 与 $\mathcal{Q}_k$ 中方体相交的个数 $m < 2^n$. 记 $\mathcal{Q}_k$ 中与 Q 相交的二进方体为 $R_1, R_2, \cdots, R_m$. 若 $R_i \subset Q_j$, 则 $2R_i \subset 2Q_j$, 从而 $x \in Q \subset 2R_i \subset \bigcup_j 2Q_j$, 与条件矛盾, 故每个 R_i 都不包含于任意的 Q_j. 所以由 Calderón-Zygmund 分解可知,

$$\frac{1}{|R_i|} \int_{R_i} |f(y)| \mathrm{d}y \leqslant \lambda,$$

进一步, 我们有

$$\frac{1}{|Q|} \int_Q |f(y)|\mathrm{d}y = \frac{1}{|Q|} \sum_{i=1}^m \int_{Q \cap R_i} |f(y)|\mathrm{d}y \leqslant \sum_{i=1}^m \frac{2^{-kn}}{|Q|} \frac{1}{|R_i|} \int_{R_i} |f(y)|\mathrm{d}y \leqslant 4^n \lambda.$$

故

$$x \notin \{x \in \mathbb{R}^n : M'f(x) > 4^n \lambda\},$$

引理得证. $\qquad\square$

由引理 2.4.1 和二进极大函数 M_d 弱 $(1,1)$ 有界可知: Hardy-Littlewood 极大函数是弱 $(1,1)$ 有界的. 再由 Marcinkiewicz 插值定理和 $\|Mf\|_\infty \leqslant \|f\|_\infty$ 可以得到下面的结论.

定理 2.4.2　Hardy-Littlewood 极大函数 M 是弱 $(1,1)$ 有界和强 (p,p) 有界的, 其中, $1 < p \leqslant \infty$.

下面的命题表明: Hardy-Littlewood 极大函数 M 不是强 $(1,1)$ 有界的.

命题 2.4.1　若 $f \in L^1$ 且 f 不几乎处处等于零, 则 $Mf \notin L^1$.

证明　因为 f 不几乎处处等于零, 所以存在 $R > 0$ 使得

$$\int_{B(0,R)} |f(x)|\mathrm{d}x \geqslant \varepsilon > 0.$$

若 $|x| > R$, 则 $B(0,R) \subset B(x,2|x|)$, 从而

$$Mf(x) \geqslant \frac{1}{(2|x|)^n} \int_{B(0,R)} |f(x)|\mathrm{d}x \geqslant \frac{\varepsilon}{2^n |x|^n}.$$

故 Hardy-Littlewood 极大函数 M 不是强 $(1,1)$ 有界的. $\qquad\square$

由定理 2.4.2 可以得出下面的推论, 即 Lebesgue 微分定理.

推论 2.4.3　若 $f \in L^1_{\mathrm{loc}}(\mathbb{R}^n)$, 则

$$\lim_{r \to 0^+} \frac{1}{|B_r|} \int_{B_r} f(x-y)\mathrm{d}y = f(x) \quad \text{a.e. } x \in \mathbb{R}^n.$$

习 题 2

1. 证明: 对于任意 $f \in L^1(\mathbb{R}^n)$, 只要 $\|f\|_1 > 0$, 必定有 $Mf \notin L^1(\mathbb{R}^n)$.

2. 设
$$
f(x) = \begin{cases} \sin \dfrac{1}{x}, & x \neq 0, \\[2mm] 0, & x = 0. \end{cases}
$$

证明: $x = 0$ 不是 f 的 Lebesgue 点.

3. 证明: 在 $L^1(\mathbb{R}^n)$ 中, 关于卷积运算不存在单位元, 即不存在 $e \in L^1(\mathbb{R}^n)$ 使得对于任意的 $f \in L^1(\mathbb{R}^n)$, 有 $e * f = f$.

4. 设 $f \in L^1(\mathbb{R}^n) \cap C(\mathbb{R}^n)$. 证明: 如果存在 $a > 0$ 使得

$$
\int_{\mathbb{R}^n} f(y) \mathrm{e}^{-|y|^2} \mathrm{e}^{axy} \mathrm{d}y = 0, \quad x \in \mathbb{R}^n,
$$

那么 $f = 0$.

第 3 章　奇异积分算子

本章将介绍奇异积分算子. 奇异积分算子理论在傅里叶分析的很多问题中都具有重要的应用, 如傅里叶级数的收敛性问题等. 作为奇异积分算子的一个重要例子, 希尔伯特变换与上半空间的调和函数具有紧密联系, 最初对它的研究主要依赖于复分析的技巧, 随着高维奇异积分算子的发展, 实分析逐渐替代了复分析. 奇异积分算子理论在偏微分方程、算子理论、多复变等数学领域都具有重要应用.

3.1　希尔伯特变换

为了介绍奇异积分算子, 我们首先考虑希尔伯特变换. 我们用 $\dfrac{1}{x}$ 的主值积分定义一个缓增分布:

$$\mathrm{p.v.}\frac{1}{x}(\phi) = \lim_{\varepsilon \to 0} \int_{\{x:|x|>\varepsilon\}} \frac{\phi(x)}{x}\mathrm{d}x, \quad \phi \in \mathscr{S}.$$

下面我们说明上式定义了一个缓增分布. 因为 $\dfrac{1}{x}$ 在集合 $\{x : \varepsilon < |x| < 1\}$ 上的积分为零, 所以

$$\begin{aligned}
\mathrm{p.v.}\frac{1}{x}(\phi) &= \int_{\{x:|x|>1\}} \frac{\phi(x)}{x}\mathrm{d}x + \lim_{\varepsilon \to 0} \int_{\{x:\varepsilon<|x|<1\}} \frac{\phi(x)-\phi(0)}{x}\mathrm{d}x \\
&= \int_{\{x:|x|>1\}} \frac{\phi(x)}{x}\mathrm{d}x + \int_{\{x:|x|<1\}} \frac{\phi(x)-\phi(0)}{x}\mathrm{d}x,
\end{aligned}$$

从而

$$\left| \mathrm{p.v.}\frac{1}{x}(\phi) \right| \leqslant C(\|\phi'\|_\infty + \|x\phi\|_\infty).$$

接下来给出希尔伯特变换的定义.

定义 3.1.1 希尔伯特变换为 $\frac{1}{x}$ 定义的主值积分, 即

$$Hf(y) = \frac{1}{\pi}\mathrm{p.v.}\frac{1}{x} * f(y) = \frac{1}{\pi}\lim_{\varepsilon \to 0}\int_{\{y:|y|>\varepsilon\}}\frac{f(x-y)}{y}\mathrm{d}y, \quad f \in \mathscr{S}.$$

例 1 区间 $[a,b]$ 的特征函数 $\chi_{[a,b]}$ 的希尔伯特变换为

$$H(\chi_{[a,b]})(x) = \frac{1}{\pi}\log\frac{|x-a|}{|x-b|}.$$

事实上, 我们只需考虑三种情况: $0 < x-b$; $x-a < 0$; $x-b < 0 < x-a$. 前两种情况易证, 下面我们考虑第三种情况. 选取 $\varepsilon < \min\{|x-a|, |x-b|\}$, 则有

$$H(\chi_{[a,b]})(x) = \frac{1}{\pi}\lim_{\varepsilon \to 0}\left(\log\frac{|x-a|}{\varepsilon} + \log\frac{\varepsilon}{|x-b|}\right),$$

从而结论得证.

下面利用傅里叶变换来刻画希尔伯特变换. 任取 $\mathbb{R}$ 上的一个 Schwartz 函数 ϕ, 为了方便, 记 $W_0 = \frac{1}{\pi}\mathrm{p.v.}\frac{1}{x}$, 则有

$$\begin{aligned}
\langle \hat{W}_0, \phi \rangle &= \langle W_0, \hat{\phi} \rangle \\
&= \frac{1}{\pi}\lim_{\varepsilon \to 0}\int_{|\xi| \geqslant \varepsilon}\hat{\phi}(\xi)\frac{\mathrm{d}\xi}{\xi} \\
&= \frac{1}{\pi}\lim_{\varepsilon \to 0}\int_{\frac{1}{\varepsilon} \geqslant |\xi| \geqslant \varepsilon}\int_{\mathbb{R}}\phi(x)\mathrm{e}^{-2\pi \mathrm{i}x\xi}\mathrm{d}x\frac{\mathrm{d}\xi}{\xi} \\
&= \lim_{\varepsilon \to 0}\int_{\mathbb{R}}\phi(x)\left(\frac{1}{\pi}\int_{\frac{1}{\varepsilon} \geqslant |\xi| \geqslant \varepsilon}\mathrm{e}^{-2\pi \mathrm{i}x\xi}\frac{\mathrm{d}\xi}{\xi}\right)\mathrm{d}x \\
&= \lim_{\varepsilon \to 0}\int_{\mathbb{R}}\phi(x)\left[\frac{-\mathrm{i}}{\pi}\int_{\frac{1}{\varepsilon} \geqslant |\xi| \geqslant \varepsilon}\sin(-2\pi x\xi)\frac{\mathrm{d}\xi}{\xi}\right]\mathrm{d}x \\
&= \lim_{\varepsilon \to 0}\int_{\mathbb{R}}\phi(x)\left[\left(\frac{-\mathrm{i}}{\pi}\mathrm{sgn}(x)\right)\int_{\frac{1}{2\pi\varepsilon} \geqslant |\xi| \geqslant \frac{\varepsilon}{2\pi}}\sin(|x|\xi)\frac{\mathrm{d}\xi}{\xi}\right]\mathrm{d}x,
\end{aligned}$$

其中, sgn(x) 表示符号函数. 注意, 当 $x \neq 0$ 时, 有

$$\lim_{\varepsilon \to 0} \int_{\frac{1}{2\pi\varepsilon} \geqslant |\xi| \geqslant \frac{\varepsilon}{2\pi}} \sin(|x|\xi) \frac{\mathrm{d}\xi}{\xi} = \pi,$$

由 Lebesgue 控制收敛定理可得

$$\langle \hat{W}_0, \phi \rangle = \int_{\mathbb{R}} \phi(x)(-\mathrm{i}\, \mathrm{sgn}(x))\mathrm{d}x,$$

从而

$$\hat{W}_0(\xi) = -\mathrm{i}\, \mathrm{sgn}(\xi),$$

所以 $\widehat{(Hf)}(\xi) = -\mathrm{i}\, \mathrm{sgn}(\xi)\hat{f}(\xi)$. 我们可以由此得到希尔伯特变换的下列性质:

(1) $\|Hf\|_2 = \|f\|_2$;

(2) $H(Hf) = -f$;

(3) $\displaystyle\int Hf \cdot g = -\int f \cdot Hg$.

希尔伯特变换与解析函数存在紧密的联系, 下面我们来研究它们之间的关系.

令 P_t 表示 Poisson 核, 则对于 $L^p(\mathbb{R}^n)$, $1 \leqslant p \leqslant \infty$ 中的实值函数 f, 我们有

$$(P_t * f)(x) = \frac{t}{\pi} \int_{-\infty}^{+\infty} \frac{f(y)}{(x-y)^2 + t^2} \mathrm{d}y.$$

因为当 $t > 0$ 时, 函数 $y \mapsto ((x-y)^2 + t^2)^{-1}$ 属于 $L^{p'}(\mathbb{R}^n)$, 所以由 Hölder 不等式可知, 上面的积分是绝对收敛的.

用 $\mathrm{Re}\, z$ 和 $\mathrm{Im}\, z$ 分别表示复数 z 的实部和虚部, 则有

$$(P_t * f)(x) = \mathrm{Re}\left(\frac{\mathrm{i}}{\pi} \int_{-\infty}^{+\infty} \frac{f(y)}{x - y + \mathrm{i}t} \mathrm{d}y \right) = \mathrm{Re}\left(\frac{\mathrm{i}}{\pi} \int_{-\infty}^{+\infty} \frac{f(y)}{z - y} \mathrm{d}y \right),$$

其中, $z = x + \mathrm{i}t$. 定义在 $\mathbb{R}^2_+ = \{z = x + \mathrm{i}t : t > 0\}$ 上的函数

$$F_f(z) = \frac{\mathrm{i}}{\pi} \int_{-\infty}^{+\infty} \frac{f(y)}{z - y} \mathrm{d}y$$

是解析的 (因为其关于 $\partial/\partial\bar{z}$ 的导数为零). 函数 $F_f(x+\mathrm{i}t)$ 的实部为 $(P_t * f)(x)$,

虚部为

$$\mathrm{Im}\left(\frac{\mathrm{i}}{\pi}\int_{-\infty}^{+\infty}\frac{f(y)}{x-y+\mathrm{i}t}\mathrm{d}y\right) = \frac{1}{\pi}\int_{-\infty}^{+\infty}\frac{f(y)(x-y)}{(x-y)^2+t^2}\mathrm{d}y = (f*Q_t)(y),$$

这里的 Q_t 称为共轭 Poisson 核, 其表达式为

$$Q_t(x) = \frac{1}{\pi}\frac{x}{x^2+t^2}.$$

令 $u_f(x+\mathrm{i}t) = (f*P_t)(x)$, $v_f(x+\mathrm{i}t) = (f*Q_t)(x)$, 则函数 $u_f+\mathrm{i}v_f$ 是解析的, 从而 u_f 和 v_f 是共轭调和函数. 因为 $\{P_t\}$ 是恒等逼近, 所以当 $t\to 0$ 时, 在 $L^p(\mathbb{R})$ 中有 $P_t*f \to f$. 一个自然的问题是: 当 $t\to 0$ 时, $f*Q_t$ 的极限是什么? 对此我们有下面的结论.

定理 3.1.1 设 $1 \leqslant p < \infty$, 对于 $f \in L^p(\mathbb{R})$, 当 $\varepsilon \to 0$ 时, 在 $L^p(\mathbb{R})$ 空间中, 我们有

$$f*Q_\varepsilon - H^{(\varepsilon)}(f) \to 0, \tag{3.1}$$

其中, 收敛是在几乎处处的意义下取到的. 进一步, 对于 $\phi \in \mathscr{S}(\mathbb{R})$, 当 $t \to 0^+$ 时, 对于所有的 $x \in \mathbb{R}$, 我们有

$$F_\phi(x+\mathrm{i}t) = \frac{1}{\pi}\int_{-\infty}^{+\infty}\frac{\phi(y)}{x+\mathrm{i}t-y}\mathrm{d}y \to \phi(x) + \mathrm{i}H(\phi)(x).$$

证明 我们有

$$(Q_\varepsilon * f)(x) - \frac{1}{\pi}\int_{|t|\geqslant\varepsilon}\frac{f(x-t)}{t}\mathrm{d}t = \frac{1}{\pi}(f*\psi_\varepsilon)(x),$$

其中, $\psi_\varepsilon(x) = \varepsilon^{-1}\psi(\varepsilon^{-1}x)$ 且

$$\psi(t) = \begin{cases} \dfrac{t}{t^2+1} - \dfrac{1}{t}, & |t| \geqslant 1, \\[2mm] \dfrac{t}{t^2+1}, & |t| < 1. \end{cases}$$

注意, ψ 在 $\mathbb{R}$ 上可积且积分为零, 进一步, 函数

$$\Psi(t) = \begin{cases} \dfrac{1}{t^2+1}, & |t| \geqslant 1, \\[2mm] 1, & |t| < 1 \end{cases}$$

是一个径向的单调下降函数且可以控制 ψ, 即它是一个偶函数, 在 $[0,\infty)$ 上单调下降且满足 $|\psi| \leqslant \Psi$, 从而当 $\varepsilon \to 0$ 时, 在 $L^p(\mathbb{R})$ 中有 $f * \psi_\varepsilon \to 0$. 进一步, 当 $\varepsilon \to 0$ 时, $f * \psi_\varepsilon \to 0$ 几乎处处成立.

式 (3.1) 可以由 $\varepsilon \to 0$ 时 $H^{(\varepsilon)}(\phi)$ 逐点收敛到 $H(\phi)$ 得到. $\quad\square$

注 3.1.1　设 $1 \leqslant p < \infty$, 则当 $f \in L^p(\mathbb{R})$ 时, $\lim\limits_{\varepsilon \to 0} f * Q_\varepsilon = H(f)$ 几乎处处成立. $\lim\limits_{\varepsilon \to 0} f * Q_\varepsilon = H(f)$ 在 $L^p(\mathbb{R})$ 意义下收敛.

关于希尔伯特变换的有界性, 我们有下面的定理.

定理 3.1.2　当 $f \in \mathscr{S}(\mathbb{R})$ 时, 我们有

(1) H 是弱 $(1,1)$ 有界的, 即对于任意 $\lambda > 0$ 都有

$$|\{x \in \mathbb{R} : |Hf(x)| > \lambda\}| \leqslant \frac{C}{\lambda} \|f\|_1;$$

(2) H 是强 (p,p) 有界的, 其中 $1 < p < \infty$, 即存在常数 $C_p > 0$ 使得

$$\|Hf\|_p \leqslant C_p \|f\|_p.$$

证明　对于任意 $\lambda > 0$ 和非负函数 f, 由 Calderón-Zygmund 分解可以得到一列互不相交的区间 $\{I_j\}$ 使得

$$f(x) \leqslant \lambda \text{ a.e. } x \notin \Omega, \Omega = \bigcup_j I_j,$$

$$|\Omega| \leqslant \frac{1}{\lambda} \|f\|_1,$$

$$\lambda < \frac{1}{|I_j|} \int_{I_j} f(x)\mathrm{d}x \leqslant 2\lambda.$$

对应上述关于 $\mathbb{R}$ 的分解, 我们将 f 分解为函数 g 和 b 的和, 具体如下.

令

$$g(x) = \begin{cases} f(x), & x \notin \Omega, \\ \dfrac{1}{|I_j|} \displaystyle\int_{I_j} f(y)\mathrm{d}y, & x \in I_j, \end{cases}$$

$$b_j(x) = \left(f(x) - \frac{1}{|I_j|} \int_{I_j} f(y)\mathrm{d}y \right) \chi_{I_j}(x),$$

则 $g(x) \leqslant 2\lambda$ a.e. $x \in \mathbb{R}$, b_j 的紧支集包含于 I_j 且其在 I_j 上的积分为零. 令 $b(x) = \displaystyle\sum_j b_j(x)$, 则 $f(x) = g(x) + b(x)$. 因为 $Hf = Hg + Hb$, 所以

$$|\{x \in \mathbb{R} : |Hf(x)| > \lambda\}| \leqslant \left|\left\{x \in \mathbb{R} : |Hg(x)| > \frac{\lambda}{2}\right\}\right| + \left|\left\{x \in \mathbb{R} : |Hb(x)| > \frac{\lambda}{2}\right\}\right|.$$

对于上述不等式右边的第一项, 利用希尔伯特变换的强 $(2,2)$ 有界可得

$$\begin{aligned} \left|\left\{x \in \mathbb{R} : |Hg(x)| > \frac{\lambda}{2}\right\}\right| &\leqslant \left(\frac{2}{\lambda}\right)^2 \int_{\mathbb{R}} |Hg(x)|^2 \mathrm{d}x \\ &= \frac{4}{\lambda^2} \int_{\mathbb{R}} g^2(x)\mathrm{d}x \\ &\leqslant \frac{8}{\lambda} \int_{\mathbb{R}} g(x)\mathrm{d}x \\ &= \frac{8}{\lambda} \int_{\mathbb{R}} f(x)\mathrm{d}x. \end{aligned}$$

对于上述不等式右边的第二项, 令 $2I_j$ 为与 I_j 中心相同, 边长是其 2 倍的区间, $\Omega^* = \displaystyle\bigcup_j 2I_j$, 则 $|\Omega^*| \leqslant 2|\Omega|$ 且

$$\begin{aligned} \left|\left\{x \in \mathbb{R} : |Hb(x)| > \frac{\lambda}{2}\right\}\right| &\leqslant |\Omega^*| + \left|\left\{x \notin \Omega^* : |Hb(x)| > \frac{\lambda}{2}\right\}\right| \\ &\leqslant \frac{2}{\lambda}\|f\|_1 + \frac{2}{\lambda} \int_{\mathbb{R}\setminus\Omega^*} |Hb(x)|\mathrm{d}x. \end{aligned}$$

下面我们证明 $|Hb(x)| \leqslant \sum_j |Hb_j(x)|$ a.e. $x \in \mathbb{R}$. 事实上, 如果是有限项求和, 此不等式显然成立; 如果是无限项求和, 我们只需证明 $\sum b_j$ 和 $\sum Hb_j$ 在 L^2 意义下分别收敛到 b 和 Hb 即可. 因此, 为了证明 H 是弱 $(1,1)$ 有界的, 我们只需证明

$$\sum_j \int_{\mathbb{R} \setminus 2I_j} |Hb_j(x)| \mathrm{d}x \leqslant C\|f\|_1.$$

当 $x \notin 2I_j$ 时, 我们有

$$Hb_j(x) = \frac{1}{\pi} \int_{I_j} \frac{b_j(y)}{x-y} \mathrm{d}y.$$

用 c_j 表示区间 I_j 的中心, 则由 b_j 积分为零可得

$$
\begin{aligned}
\int_{\mathbb{R} \setminus 2I_j} |Hb_j(x)| \mathrm{d}x &= \frac{1}{\pi} \int_{\mathbb{R} \setminus 2I_j} \left| \int_{I_j} \frac{b_j(y)}{x-y} \mathrm{d}y \right| \mathrm{d}x \\
&= \frac{1}{\pi} \int_{\mathbb{R} \setminus 2I_j} \left| \int_{I_j} b_j(y) \left(\frac{1}{x-y} - \frac{1}{x-c_j} \right) \mathrm{d}y \right| \mathrm{d}x \\
&\leqslant \frac{1}{\pi} \int_{I_j} |b_j(y)| \left(\int_{\mathbb{R} \setminus 2I_j} \frac{|y-c_j|}{|x-y||x-c_j|} \mathrm{d}x \right) \mathrm{d}y \\
&\leqslant \frac{1}{\pi} \int_{I_j} |b_j(y)| \left(\int_{\mathbb{R} \setminus 2I_j} \frac{|I_j|}{|x-c_j|^2} \mathrm{d}x \right) \mathrm{d}y,
\end{aligned}
$$

最后一个不等式我们用到了 $|y-c_j| < |I_j|/2$ 和 $|x-y| > |x-c_j|/2$. 因为

$$\int_{\mathbb{R} \setminus 2I_j} \frac{|I_j|}{|x-c_j|^2} \mathrm{d}x = 2,$$

所以

$$\sum_j \int_{\mathbb{R} \setminus 2I_j} |Hb_j(x)| \mathrm{d}x \leqslant \frac{2}{\pi} \sum_j \int_{I_j} |b_j(y)| \mathrm{d}y \leqslant \frac{4}{\pi} \|f\|_1.$$

对于非负函数, 我们证明了结论是成立的. 对于任意的实值函数, 我们可以考虑它的正部和负部; 对于复值函数, 我们可以考虑它的实部和虚部.

因为 H 是弱 $(1,1)$ 和强 $(2,2)$ 有界的, 所以由 Marcinkiewicz 插值定理可知: H 是强 (p,p) 有界的, 其中 $1 < p < 2$. 如果 $p > 2$, 我们有

$$
\begin{aligned}
\|Hf\|_p &= \sup\left\{\left|\int_{\mathbb{R}} Hf \cdot g\right| : \|g\|_{p'} \leqslant 1\right\} \\
&= \sup\left\{\left|\int_{\mathbb{R}} f \cdot Hg\right| : \|g\|_{p'} \leqslant 1\right\} \\
&\leqslant \|f\|_p \sup\{\|Hg\|_{p'} : \|g\|_{p'} \leqslant 1\} \\
&\leqslant C_{p'}\|f\|_p.
\end{aligned}
$$

$\square$

下面我们研究极大希尔伯特变换.

定义 3.1.2　极大希尔伯特变换可定义为下面的算子:

$$
H^{(*)}(f)(x) = \sup_{\varepsilon>0}|H^{(\varepsilon)}(f)(x)|,
$$

这里 $f \in L^p(\mathbb{R}^n)$, $1 \leqslant p < \infty$.

例 2

$$
H^{(*)}(\chi_{[a,b]})(x) = \frac{1}{\pi} \leqslant \left|\log\frac{|x-a|}{|x-b|}\right|.
$$

通过上面的例子可以发现, 一般情况下, $H^{(*)}(f)(x) \neq |H(f)(x)|$. 关于二者之间的关系, 我们有下面的结论.

定理 3.1.3　设 $1 < p < \infty$, 则存在常数 $C > 0$ 使得

$$
\|H^{(*)}(f)\|_p \leqslant C\max\left\{p, \frac{1}{(p-1)^2}\right\}\|f\|_p.
$$

进一步, 对于 $f \in L^p(\mathbb{R})$, $H^{(*)}(f)$ 在几乎处处和 L^p 意义下收敛到 $H(f)$.

证明　固定 $1 < p < \infty$, 我们首先证明当 $f \in L^p(\mathbb{R})$ 时, 有

$$
f * Q_\varepsilon = H(f) * P_\varepsilon, \quad \varepsilon > 0. \tag{3.2}
$$

因为存在 $\mathscr{S}(\mathbb{R})$ 中的序列 $\{\phi_j\}$ 使得当 $j \to \infty$ 时有 $\|f - \phi_j\|_p \to 0$ 且 P_ε 和 Q_ε 属于 $L^{p'}$, 所以我们只需证明式 (3.2) 对于 $f \in \mathscr{S}(\mathbb{R})$ 成立即可. 式 (3.2) 两边取傅里叶变换可得

$$\left[(-i\,\mathrm{sgn}(\xi))\mathrm{e}^{-2\pi|\xi|}\right]^\vee (x) = \frac{1}{\pi}\frac{x}{x^2+1}. \tag{3.3}$$

下面我们来证明式 (3.3).

因为

$$
\begin{aligned}
\left[(-i\,\mathrm{sgn}(\xi))\mathrm{e}^{-2\pi|\xi|}\right]^\vee (x) &= \int_{-\infty}^{+\infty} \mathrm{e}^{-2\pi|\xi|}(-i\,\mathrm{sgn}(\xi))\mathrm{e}^{2\pi ix\xi}\mathrm{d}\xi \\
&= 2\int_0^\infty \mathrm{e}^{-2\pi\xi}\sin 2\pi x\xi\,\mathrm{d}\xi \\
&= \frac{1}{\pi}\int_0^\infty \mathrm{e}^{-\xi}\sin x\xi\,\mathrm{d}\xi \\
&= -\frac{x}{\pi}\int_0^\infty (\mathrm{e}^{-\xi})'\cos x\xi\,\mathrm{d}\xi \\
&= -\frac{x}{\pi}\left(-1 + x\int_0^\infty \mathrm{e}^{-\xi}\sin x\xi\,\mathrm{d}\xi\right),
\end{aligned}
$$

所以式 (3.2) 成立. 故

$$H^{(\varepsilon)}(f) = H^{(\varepsilon)}(f) - f * Q_\varepsilon + H(f) * P_\varepsilon.$$

由等式

$$H^{(\varepsilon)}(f)(x) - f * Q_\varepsilon(x) = -\frac{1}{\pi}\int_{\mathbb{R}} f(x-t)\psi_\varepsilon(t)\mathrm{d}t$$

可得

$$\sup_{\varepsilon>0}|H^{(\varepsilon)}(f)(x) - f * Q_\varepsilon(x)| \leqslant \frac{1}{\pi}\|\Psi\|_1 M(f)(x),$$

故当 $f \in L^p(\mathbb{R})$ 时, 我们有

$$|H^{(\varepsilon)}(f)(x)| \leqslant \|\Psi\|_1 M(f)(x) + M(H(f))(x),$$

从而 $H^{(*)}$ 是 L^p 有界的且范数不超过 $C \max \left\{ p, \dfrac{1}{(p-1)^2} \right\}$.

$H^{(*)}(f)$ 在 L^p 中几乎处处收敛到 $H(f)$ 可以由上面证明的不等式得到.
$H^{(*)}(f)$ 在 L^p 意义下收敛到 $H(f)$ 可以由 Lebesgue 控制收敛定理得到. □

下面我们来研究高维空间上类似于希尔伯特变换的算子——Riesz 变换. 为了定义 Riesz 变换, 我们引入 $\mathbb{R}^n$ 上的缓增分布 W_j, $1 \leqslant j \leqslant n$. 对于 $\phi \in \mathscr{S}(\mathbb{R}^n)$, 令

$$\langle W_j, \phi \rangle = \frac{\Gamma\left(\dfrac{n+1}{2}\right)}{\pi^{\frac{n+1}{2}}} \lim_{\varepsilon \to 0} \int_{|y| \geqslant \varepsilon} \frac{y_j}{|y|^{n+1}} \phi(y) \mathrm{d}y.$$

将 W_j 标准化后, 它类似于 Poisson 核, 所以 $W_j \in \mathscr{S}'(\mathbb{R}^n)$. 下面给出 Riesz 变换的定义.

定义 3.1.3 设 $1 \leqslant j \leqslant n$, $f \in \mathscr{S}(\mathbb{R}^n)$ 的第 j 个 Riesz 变换是其与 W_j 的卷积, 即

$$R_j(f)(x) = (f * W_j)(x) = \frac{\Gamma\left(\dfrac{n+1}{2}\right)}{\pi^{\frac{n+1}{2}}} \mathrm{p.v.} \int_{\mathbb{R}^n} \frac{x_j - y_j}{|x-y|^{n+1}} f(y) \mathrm{d}y.$$

下面我们利用傅里叶变换来刻画 Riesz 变换.

命题 3.1.1 $f \in L^p(\mathbb{R}^n)$ 的第 j 个 Riesz 变换可以表示为

$$R_j(f)(x) = \left(-\frac{\mathrm{i}\xi_j}{|\xi|} \hat{f}(\xi) \right)^{\vee}(x). \tag{3.4}$$

证明 因为在分布意义下, 有

$$\frac{\partial}{\partial x_j} |x|^{-n+1} = (1-n)\mathrm{p.v.} \frac{x_j}{|x|^{n+1}},$$

所以式 (3.4) 可以由下面的等式得到:

$$\left(\mathrm{p.v.} \frac{x_j}{|x|^{n+1}} \right)^{\wedge}(\xi) = \frac{1}{1-n} \left(\frac{\partial}{\partial x_j} |x|^{-n+1} \right)^{\wedge}(\xi)$$

$$
\begin{aligned}
&= \frac{2\pi \mathrm{i}\xi_j}{1-n}\left(|x|^{-n+1}\right)^{\wedge}(\xi) \\
&= \frac{2\pi \mathrm{i}\xi_j}{1-n}\frac{\pi^{\frac{n}{2}-1}\Gamma\left(\dfrac{1}{2}\right)}{\Gamma\left(\dfrac{n-1}{2}\right)}\frac{1}{|\xi|} \\
&= -\mathrm{i}\frac{\pi^{\frac{n+1}{2}}}{\Gamma\left(\dfrac{n+1}{2}\right)}\frac{\xi_j}{|\xi|}.
\end{aligned}
\tag{3.5}
$$

由于 Schwartz 函数在 $L^p(\mathbb{R}^n)$, $p>1$ 中稠密, 因此式 (3.5) 在 $L^p(\mathbb{R}^n)$ 中成立.　$\square$

利用命题 3.1.1, 我们可以得到下面的结论.

命题 3.1.2　在 $L^2(\mathbb{R}^n)$ 上, Riesz 变换满足

$$
-I = \sum_{j=1}^{n} R_j^2,
$$

这里 I 表示恒等算子.

证明　利用傅里叶变换和等式

$$
\sum_{j=1}^{n}\left(-\mathrm{i}\frac{\xi_j}{|\xi|}\right)^2 = -1,
$$

我们可以得到

$$
\sum_{j=1}^{n} R_j^2(f) = -f,
$$

这里 $f \in L^2(\mathbb{R}^n)$.　$\square$

我们可以把 Riesz 变换和拉普拉斯算子联系起来.

命题 3.1.3　设 $1 \leqslant j,\, k \leqslant n$, $\phi \in \mathscr{S}(\mathbb{R}^n)$, 则对于 $x \in \mathbb{R}^n$ 有

$$
\partial_j \partial_k \phi(x) = -R_j R_k \Delta \phi(x),
$$

这里 Δ 表示拉普拉斯算子.

证明 我们利用傅里叶变换来证明该结论. 因为

$$(\partial_j\partial_k\phi)^\vee(\xi) = (2\pi i\xi_j)(2\pi i\xi_k)\hat\phi(\xi)$$
$$= -\left(-i\frac{\xi_j}{|\xi|}\right)\left(-i\frac{\xi_k}{|\xi|}\right)(-4\pi^2|\xi|^2)\hat\phi(\xi)$$
$$= -(R_jR_k\Delta\phi)^\wedge(\xi),$$

所以两边进行傅里叶逆变换即可得出结论. □

我们可以利用 Riesz 变换来研究偏微分方程.

例 3 设 $f \in L^2(\mathbb{R}^n)$, u 为 $\mathbb{R}^n$ 上的一个缓增分布且满足拉普拉斯方程:

$$\Delta u = f.$$

为了求解上面的拉普拉斯方程, 我们先证明缓增分布 $(\partial_j\partial_k u + R_jR_k(f))^\wedge$ 的紧支集为 $\{0\}$. 因为如果有此结论, 我们就有

$$\partial_j\partial_k u = -R_jR_k(f) + P,$$

其中 P 是一个多项式, 从而可以利用 f 的 Riesz 变换把 u 的混合偏导数表示出来.

若固定 $\phi \in \mathscr{S}(\mathbb{R}^n)$ 满足 ϕ 的紧支集不包含零点, 则 ϕ 在零点的某个邻域 U_0 内为零, 从而可以选取这样一个光滑函数 η: 在比 U_0 更小的某邻域内为零且在 ϕ 的紧支集上为 1. 令

$$\zeta(\xi) = -\eta(\xi)\left(-\frac{i\xi_j}{|\xi|}\right)\left(-\frac{i\xi_k}{|\xi|}\right),$$

则 ζ 及其各阶导数都是有界的光滑函数且

$$\eta(\xi)(2\pi i\xi_j)(2\pi i\xi_k) = \zeta(\xi)(-4\pi^2|\xi|^2).$$

对拉普拉斯方程两边取傅里叶变换可得

$$(-4\pi^2|\xi|^2)\hat{u}(\xi) = \hat{f}(\xi),$$

所以

$$\zeta(\xi)(-4\pi^2|\xi|^2)\hat{u}(\xi) = \zeta(\xi)\widehat{\Delta u} = \zeta(\xi)\hat{f}(\xi),$$

故对于 $1 \leqslant j \leqslant n$, 有

$$
\begin{aligned}
\langle (\partial_j\partial_k u)^\wedge, \phi \rangle &= \langle (2\pi\mathrm{i}\xi_j)(2\pi\mathrm{i}\xi_k)\hat{u}, \phi \rangle \\
&= \langle (2\pi\mathrm{i}\xi_j)(2\pi\mathrm{i}\xi_k)\hat{u}, \eta\phi \rangle \\
&= \langle \eta(\xi)(2\pi\mathrm{i}\xi_j)(2\pi\mathrm{i}\xi_k)\hat{u}, \phi \rangle \\
&= \langle \zeta(\xi)(-4\pi^2|\xi|^2)\hat{u}, \phi \rangle \\
&= \langle \zeta(\xi)\hat{f}(\xi), \phi \rangle \\
&= \langle -\eta(\xi)\left(-\frac{\mathrm{i}\xi_j}{|\xi|}\right)\left(-\frac{\mathrm{i}\xi_k}{|\xi|}\right)\hat{f}(\xi), \phi \rangle \\
&= \langle -\eta(\xi)(R_jR_k(f))^\wedge(\xi), \phi \rangle \\
&= -\langle -(R_jR_k(f))^\wedge, \eta\phi \rangle \\
&= -\langle -(R_jR_k(f))^\wedge, \phi \rangle.
\end{aligned}
$$

因为上式对于所有紧支集不包含原点的 Schwartz 函数都成立, 所以缓增分布 $(\partial_j\partial_k u + R_jR_k(f))^\wedge$ 的紧支集为 $\{0\}$.

3.2　第一类奇异积分算子

我们可以将希尔伯特变换抽象地表示成下面更一般的奇异积分算子:

$$Tf(x) = \lim_{\varepsilon \to 0} \int_{\{y:|y|>\varepsilon\}} \frac{\Omega(y')}{|y|^n} f(x-y)\mathrm{d}y, \quad f \in \mathscr{S}(\mathbb{R}^n), \tag{3.6}$$

其中, Ω 是定义在 $\mathbb{R}^n$ 中的单位球面 S^{n-1} 上的一个积分为零的函数, $y' = y/|y|$.

若 $f \in \mathscr{S}(\mathbb{R}^n)$, 则 Tf 可以看作 f 与缓增分布 $\mathrm{p.v.}\dfrac{\Omega(x')}{|x|^n}$ 的卷积, 其定义如下:

$$
\begin{aligned}
\mathrm{p.v.}\frac{\Omega(x')}{|x|^n}(f) &= \lim_{\varepsilon \to 0} \int_{\{x:|x|>\varepsilon\}} \frac{\Omega(x')}{|x|^n} f(x)\mathrm{d}x \\
&= \int_{\{x:|x|<1\}} \frac{\Omega(x')}{|x|^n}[f(x) - f(0)]\mathrm{d}x + \int_{\{x:|x|>1\}} \frac{\Omega(x')}{|x|^n} f(x)\mathrm{d}x. \quad (3.7)
\end{aligned}
$$

式 (3.7) 中的第二个等号用到了 Ω 在单位球面 S^{n-1} 上积分为零.

下面说明 Ω 在单位球面 S^{n-1} 上积分为零是奇异积分算子 T 存在的必要条件.

命题 3.2.1 式 (3.6) 中极限存在的一个必要条件是 Ω 在单位球面 S^{n-1} 上积分为零.

证明 取 $f \in \mathscr{S}(\mathbb{R}^n)$, 且当 $|x| \leqslant 2$ 时有 $f(x) = 1$, 则当 $|x| < 1$ 时, 我们有

$$
Tf(x) = \int_{\{y:|y|>1\}} \frac{\Omega(y')}{|y|^n} f(x - y)\mathrm{d}y + \lim_{\varepsilon \to 0} \int_{\{y:\varepsilon<|y|<1\}} \frac{\Omega(y')}{|y|^n}\mathrm{d}y. \quad (3.8)
$$

式 (3.8) 中的第一个积分总是收敛的, 第二个积分等于

$$
\lim_{\varepsilon \to 0} \int_{S^{n-1}} \Omega(y')\mathrm{d}\sigma(y') \cdot \log\frac{1}{\varepsilon},
$$

只有当 Ω 在单位球面 S^{n-1} 上积分为零时, 此积分才是有限的. $\qquad\square$

为了讨论奇异积分算子 T 的有界性, 我们引入齐次分布的概念. 首先回顾一下齐次函数的定义. 我们称一个函数 f 是 α 次齐次的, 如果对于任意 $x \in \mathbb{R}^n$ 和 $\lambda \in \mathbb{R}$ 都有

$$
f(\lambda x) = \lambda^\alpha f(x).
$$

给定一个函数 ϕ, 令 $\phi_\lambda(x) = \lambda^{-n}\phi(\lambda^{-1}x)$, 则

$$\int_{\mathbb{R}^n} f(x)\phi_\lambda(x)\mathrm{d}x = \lambda^\alpha \int_{\mathbb{R}^n} f(x)\phi(x)\mathrm{d}x,$$

从而我们可以定义下面的齐次分布.

定义 3.2.1 若对于任意的 $\phi \in \mathscr{S}(\mathbb{R}^n)$ 都有

$$T(\phi_\lambda) = \lambda^\alpha T(\phi),$$

则称分布 T 是 α 次齐次的.

利用定义可得 p.v.$\dfrac{\Omega(x')}{|x|^n}$ 是一个 $-n$ 次的齐次分布. 关于齐次分布, 我们有下面的结论.

命题 3.2.2 若 T 是一个 α 次的齐次分布, 则其傅里叶变换是 $-n-\alpha$ 次齐次的.

证明 若 $\phi \in \mathscr{S}(\mathbb{R}^n)$, 则

$$\hat{T}(\phi_\lambda) = T(\widehat{\phi_\lambda}) = T(\hat{\phi}(\lambda\cdot)) = T(\lambda^{-n}\hat{\phi}_{\lambda^{-1}}) = \lambda^{-n-\alpha}T(\hat{\phi}) = \lambda^{-n-\alpha}\hat{T}(\phi). \qquad \square$$

关于奇异积分算子 T 的积分核 p.v.$\dfrac{\Omega(x')}{|x|^n}$, 我们有下面的结论.

定理 3.2.1 若 Ω 是单位球面 S^{n-1} 上的可积函数且积分为零, 则 p.v.$\dfrac{\Omega(x')}{|x|^n}$ 的傅里叶变换是 0 次齐次的且其表达式为

$$m(\xi) = \int_{S^{n-1}} \Omega(u) \left[\log\left(\frac{1}{|u\xi'|}\right) - \frac{\pi}{2}\mathrm{i}\,\mathrm{sgn}(u\xi') \right] \mathrm{d}\sigma(u).$$

证明 由命题 3.2.2 可知: p.v.$\dfrac{\Omega(x')}{|x|^n}$ 的傅里叶变换是 0 次齐次的, 所以我们可以假设 $|\xi| = 1$. 因为 Ω 的积分为零, 所以

$$m(\xi) = \lim_{\varepsilon \to 0} \int_{\{y:\varepsilon<|y|<1/\varepsilon\}} \frac{\Omega(y')}{|y|^n}\mathrm{e}^{-2\pi \mathrm{i}y\xi}\mathrm{d}y$$

$$= \lim_{\varepsilon \to 0} \int_{S^{n-1}} \Omega(u) \left[\int_{\varepsilon}^{1} (\mathrm{e}^{-2\pi i r u \xi} - 1) \frac{\mathrm{d}r}{r} + \int_{1}^{1/\varepsilon} \mathrm{e}^{-2\pi i r u \xi} \frac{\mathrm{d}r}{r} \right] \mathrm{d}\sigma(u).$$

记 $m(\xi) = I_1 - \mathrm{i} I_2$, 其中

$$I_1 = \lim_{\varepsilon \to 0} \int_{S^{n-1}} \Omega(u) \left[\int_{\varepsilon}^{1} (\cos 2\pi r u \xi - 1) \frac{\mathrm{d}r}{r} + \int_{1}^{1/\varepsilon} \cos 2\pi r u \xi \frac{\mathrm{d}r}{r} \right] \mathrm{d}\sigma(u),$$

$$I_2 = \lim_{\varepsilon \to 0} \int_{S^{n-1}} \Omega(u) \left[\int_{\varepsilon}^{1/\varepsilon} \sin 2\pi r u \xi \frac{\mathrm{d}r}{r} \right] \mathrm{d}\sigma(u).$$

作变量替换 $s = 2\pi r |u\xi|$, 则

$$\int_{\varepsilon}^{1/\varepsilon} \sin 2\pi r u \xi \frac{\mathrm{d}r}{r} = \int_{2\pi|u\xi|\varepsilon}^{2\pi|u\xi|/\varepsilon} \sin s \, \mathrm{sgn}(u\xi) \frac{\mathrm{d}s}{s}.$$

令 $\varepsilon \to 0$, 由 Lebesgue 控制收敛定理可得

$$\mathrm{sgn}(u\xi) \int_{0}^{\infty} \frac{\sin s}{s} \mathrm{d}s = \frac{\pi}{2} \mathrm{sgn}(u\xi).$$

作变量替换 $s = 2\pi r |u\xi|$, 则

$$\int_{\varepsilon}^{1} (\cos 2\pi r u \xi - 1) \frac{\mathrm{d}r}{r} + \int_{1}^{1/\varepsilon} \cos 2\pi r u \xi \frac{\mathrm{d}r}{r}$$
$$= \int_{2\pi|u\xi|\varepsilon}^{1} (\cos s - 1) \frac{\mathrm{d}s}{s} + \int_{1}^{2\pi|u\xi|/\varepsilon} \cos s \frac{\mathrm{d}s}{s} - \int_{1}^{2\pi|u\xi|/\varepsilon} \frac{\mathrm{d}s}{s}.$$

当 $\varepsilon \to 0$ 时, 由 Lebesgue 控制收敛定理可得

$$\lim_{\varepsilon \to 0} \left(\int_{\varepsilon}^{1} (\cos 2\pi r u \xi - 1) \frac{\mathrm{d}r}{r} + \int_{1}^{1/\varepsilon} \cos 2\pi r u \xi \frac{\mathrm{d}r}{r} \right)$$
$$= \int_{0}^{1} (\cos s - 1) \frac{\mathrm{d}s}{s} + \int_{1}^{\infty} \cos s \frac{\mathrm{d}s}{s} - \log|2\pi| - \log|u\xi|.$$

上式两边同时乘以 Ω, 并注意 Ω 在 S^{n-1} 上的积分为零, 我们可以得到 $m(\xi)$ 的表达式. $\qquad\square$

将 Ω 分解成奇部分和偶部分:

$$\Omega_e(u) = \frac{1}{2}\left(\Omega(u) + \Omega(-u)\right), \ \Omega_o(u) = \frac{1}{2}\left(\Omega(u) - \Omega(-u)\right),$$

则有下面的推论.

推论 3.2.1 设 Ω 是一个在 S^{n-1} 上积分为零的函数, 若 $\Omega_o \in L^1(S^{n-1})$ 且对于某个 $q > 1$ 有 $\Omega_e \in L^q(S^{n-1})$, 则 p.v.$\dfrac{\Omega(x')}{|x|^n}$ 的傅里叶变换是有界的.

证明 我们只需注意到

$$m(\xi) = -\frac{\pi}{2}i\int_{S^{n-1}} \Omega_o(u)\mathrm{sgn}(u\xi')\mathrm{d}\sigma(u) + \int_{S^{n-1}} \Omega_e(u)\log\frac{1}{|u\xi'|}\mathrm{d}\sigma(u)$$

即可. □

由推论 3.2.1 及 Plancherel 定理可知: 奇异积分算子 T 是 L^2 有界的. 下面我们利用旋转的方法证明 T 是 $L^p(\mathbb{R}^n)$ 有界的, 这里 $1 < p < \infty$, 首先引入下面的记号.

设 T 是 $L^p(\mathbb{R})$ 上的一个有界算子且 $\mu \in S^{n-1}$, 我们可以从 T 出发定义 $\mathbb{R}^n$ 上的一个有界算子: 令 $L_\mu = \{\lambda\mu : \lambda \in \mathbb{R}\}$, $L_\mu^\perp$ 为 L_μ 在 $\mathbb{R}^n$ 中的正交补, 则对于任意 $x \in \mathbb{R}^n$, 存在唯一 $x_1 \in \mathbb{R}$, $\bar{x} \in L_\mu^\perp$ 使得 $x = x_1\mu + \bar{x}$. 对于 $\mathbb{R}^n$ 上的函数 f, 有 $f(x) = f(x_1\mu + \bar{x})$, 从而我们可以定义 T_μ 为

$$T_\mu f(x) = Tf(\cdot u + \bar{x})(x_1),$$

即将 $T_\mu f(x)$ 看作 T 作用在一维函数 $f(\cdot\mu + \bar{x})$ 上后在点 x_1 的值. 如果 C_p 是 T 在 $L^p(\mathbb{R})$ 上的算子范数, 则由 Fubini 定理可得

$$\int_{\mathbb{R}^n} |T_\mu f(x)|^p \mathrm{d}x = \int_{L_\mu^\perp} \int_{\mathbb{R}} |Tf(\cdot\mu + \bar{x})(x_1)|^p \mathrm{d}x_1 \mathrm{d}\bar{x}$$

$$\leqslant C_p^p \int_{L_\mu^\perp} \int_{\mathbb{R}} |f(\cdot \mu + \bar{x})(x_1)|^p \mathrm{d}x_1 \mathrm{d}\bar{x}$$

$$= C_p^p \int_{\mathbb{R}^n} |f(x)|^p \mathrm{d}x,$$

进一步, $\|T_\mu\|_p = \|T\|_p$. 我们称 T_μ 为 T 的方向算子.

我们可以定义方向 Hardy-Littlewood 极大函数为

$$M_\mu f(x) = \sup_{h>0} \frac{1}{2h} \int_{-h}^{h} |f(x - t\mu)| \mathrm{d}t,$$

方向希尔伯特变换为

$$H_\mu f(x) = \frac{1}{\pi} \lim_{\varepsilon \to 0} \int_{|t|>\varepsilon} f(x - t\mu) \frac{\mathrm{d}t}{t}.$$

由 Minkowski 不等式, 我们可以得到下面的结论.

命题 3.2.3　设 T 是 $L^p(\mathbb{R})$ 上的一个有界算子且算子范数为 C_p. 若 T_μ 为 T 的方向算子, 则对于任意 $\Omega \in L^1(S^{n-1})$, 如下定义的算子

$$T_\Omega f(x) = \int_{S^{n-1}} \Omega(\mu) T_\mu f(x) \mathrm{d}\sigma(\mu)$$

在 $L^p(\mathbb{R}^n)$ 上有界且算子范数不超过 $C_p \|\Omega\|_1$.

我们可以利用方向算子把高维降到一维来处理, 这一技巧在证明奇异积分算子的有界性时非常有用. 下面我们用这种技巧来证明该命题. 当 $\Omega \in L^1(S^{n-1})$ 时, 我们可以定义

$$M_\Omega f(x) = \sup_{R>0} \frac{1}{|B(0,R)|} \int_{B(0,R)} |\Omega(y')||f(x-y)| \mathrm{d}y.$$

我们可以利用极坐标将上面的积分写成

$$M_\Omega f(x) = \sup_{R>0} \frac{1}{|B(0,1)R^n|} \int_{S^{n-1}} |\Omega(\mu)| \int_0^R |f(x - r\mu)| r^{n-1} \mathrm{d}r \mathrm{d}\sigma(\mu)$$

$$\leqslant \frac{1}{|B(0,1)|} \int_{S^{n-1}} |\Omega(\mu)| M_\mu f(x) \mathrm{d}\sigma(\mu),$$

从而我们可以得到下面的推论.

推论 3.2.2　若 $\Omega \in L^1(S^{n-1})$, 则 M_Ω 在 $L^p(\mathbb{R}^n)$ 上有界, 其中 $1 < p \leqslant \infty$.

证明　若 Ω 为奇函数, 则对于任意的 Schwartz 函数 f, 有

$$\begin{aligned}
Tf(x) &= \lim_{\varepsilon \to 0} \int_{S^{n-1}} \Omega(\mu) \int_\varepsilon^\infty f(x - r\mu) \frac{\mathrm{d}r}{r} \mathrm{d}\sigma(\mu) \\
&= \lim_{\varepsilon \to 0} \frac{1}{2} \int_{S^{n-1}} \Omega(\mu) \int_{|r| > \varepsilon} f(x - r\mu) \frac{\mathrm{d}r}{r} \mathrm{d}\sigma(\mu).
\end{aligned}$$

因为 Ω 为奇函数, 所以

$$\begin{aligned}
Tf(x) = {} &\frac{1}{2} \lim_{\varepsilon \to 0} \int_{S^{n-1}} \Omega(\mu) \int_{\varepsilon < |r| < 1} (f(x - r\mu) - f(x)) \frac{\mathrm{d}r}{r} \mathrm{d}\sigma(\mu) + \\
&\frac{1}{2} \int_{S^{n-1}} \Omega(\mu) \int_{|r| > 1} f(x - r\mu) \frac{\mathrm{d}r}{r} \mathrm{d}\sigma(\mu).
\end{aligned}$$

再由 f 为 Schwartz 函数, 我们可以得到

$$\int_{\varepsilon < |r| < 1} (f(x - r\mu) - f(x)) \frac{\mathrm{d}r}{r}$$

是一致有界的, 从而由 Lebesgue 控制收敛定理可知,

$$Tf(x) = \frac{\pi}{2} \int_{S^{n-1}} \Omega(\mu) H_\mu f(x) \mathrm{d}\sigma(\mu),$$

故 M_Ω 在 $L^p(\mathbb{R}^n)$ 上有界. □

推论 3.2.3　若 Ω 是 S^{n-1} 上的一个可积的奇函数, 则奇异积分算子 T 在 $L^p(\mathbb{R}^n)$ 上有界, 这里 $1 < p < \infty$.

积分核为奇函数的典型例子是 Riesz 变换:

$$R_j f(x) = c_n \mathrm{p.v.} \int_{\mathbb{R}^n} \frac{y_j}{|y|^{n+1}} f(x - y) \mathrm{d}y, \quad 1 \leqslant j \leqslant n,$$

其中,

$$c_n = \Gamma\left(\frac{n+1}{2}\right)\pi^{-\frac{n+1}{2}}.$$

关于 Riesz 变换的有界性, 我们有下面的结论.

推论 3.2.4 Riesz 变换 R_j 是强 (p,p) 有界和弱 $(1,1)$ 有界的, 其中 $1 \leqslant j \leqslant n$, $1 < p < \infty$.

如果 Ω 是一个偶函数, 那么便不能再使用旋转的方法了, 因为我们不能利用希尔伯特变换把奇异积分算子表示出来. 但是我们可以利用 Riesz 变换把 T 表示为

$$Tf = -\sum_{j=1}^{n} R_j^2(Tf) = -\sum_{j=1}^{n} R_j(R_j T)f,$$

算子 $R_j T$ 的积分核为奇函数. 若算子 $R_j T$ 可以表示成奇异积分算子, 则其在 $L^p(\mathbb{R}^n)$ 上有界, 从而 T 在 $L^p(\mathbb{R}^n)$ 上有界.

设 Ω 是 $L^q(S^{n-1})$ 中的一个偶函数且积分为 0, 其中 $q > 1$. 对于 $\varepsilon > 0$, 令

$$K_\varepsilon(x) = \frac{\Omega(x')}{|x|^n}\chi_{\{|x|>\varepsilon\}}.$$

当 $1 < r \leqslant q$ 时, 利用 Hölder 不等式可知 $K_\varepsilon \in L^r$, 所以当 $f \in C_c^\infty(\mathbb{R}^n)$ 时, 有

$$R_j(K_\varepsilon * f) = (R_j K_\varepsilon) * f.$$

引理 3.2.1 存在一个 $-n$ 次齐次的奇函数 $\tilde{K}_j$ 使得

$$\lim_{\varepsilon \to 0} R_j K_\varepsilon(x) = \tilde{K}_j(x)$$

在任意不含原点的紧支集上关于 L^∞ 范数成立.

证明　固定 $x \neq 0$ 并令 $0 < \varepsilon < v < |x|/2$, 则对于几乎处处的 x, 利用 Ω 积分为零可得

$$
\begin{aligned}
R_j K_\varepsilon(x) - R_j K_v(x) &= c_n \lim_{\delta \to 0} \int_{\mathbb{R}^n} \frac{x_j - y_j}{|x-y|^{n+1}} \chi_{\{|x-y|>\delta\}} [K_\varepsilon(y) - K_v(y)] \mathrm{d}y \\
&= c_n \int_{\varepsilon < |y| < v} \frac{x_j - y_j}{|x-y|^{n+1}} \frac{\Omega(y')}{|y|^n} \mathrm{d}y \\
&= c_n \int_{\varepsilon < |y| < v} \left(\frac{x_j - y_j}{|x-y|^{n+1}} - \frac{x_j}{|x|^{n+1}} \right) \frac{\Omega(y')}{|y|^n} \mathrm{d}y.
\end{aligned}
$$

利用平均值定理可得

$$
|R_j K_\varepsilon(x) - R_j K_v(x)| \leqslant \frac{C}{|x|^{n+1}} \int_{\varepsilon < |y| < v} \frac{\Omega(y')}{|y|^{n-1}} \mathrm{d}y \leqslant \frac{C\|\Omega\|_1}{|x|^{n+1}} v,
$$

所以对于任意 $\alpha > 0$, 在集合 $\{|x| > \alpha\}$ 上, $\{R_j K_\varepsilon\}$ 是 L^∞ 中的 Cauchy 列. 从而对于几乎处处的 x, 我们可以定义 K_j^* 为

$$
K_j^*(x) = \lim_{\varepsilon \to 0} R_j K_\varepsilon(x). \tag{3.9}
$$

因为函数 $R_j K_\varepsilon(x)$ 是奇函数, 所以函数 K_j^* 也是奇函数.

固定 $\lambda > 0$, 则对于几乎处处的 x, 有

$$
\begin{aligned}
R_j K_\varepsilon(\lambda x) &= \lim_{\delta \to 0} c_n \int_{\{|\lambda x - y| > \delta\}} \frac{\lambda x_j - y_j}{|\lambda x - y|^{n+1}} K_\varepsilon(y) \mathrm{d}y \\
&= \lim_{\delta \to 0} c_n \int_{\{|x-y|>\delta/\lambda\}} \frac{x_j - y_j}{|\lambda x - y|^{n+1}} \lambda^{-n} K_{\varepsilon/\lambda}(y) \mathrm{d}y \\
&= \lambda^{-n} R_j K_{\varepsilon/\lambda}(x),
\end{aligned}
$$

所以, 对于几乎处处的 x, 有 $K_j^*(\lambda x) = \lambda^{-n} K_j^*(x)$. 因为 K_j^* 是可测的, 所以集合

$$
D = \{(x, \lambda) \subset \mathbb{R}^n \times (0, \infty) : K_j^*(\lambda x) \neq \lambda^{-n} K_j^*(x)\}
$$

为零测集. 从而由 Fubini 定理可知: 存在一个以原点为中心, ρ 为半径的球面 S_ρ 使得 $D \cap S_\rho$ 的测度为零. 定义

$$
\tilde{K}_j(x) = \begin{cases} \left(\dfrac{\rho}{|x|}\right)^n K_j^*\left(\dfrac{\rho x}{|x|}\right), & x \neq 0 \text{ 且 } \dfrac{\rho x}{|x|} \notin D \cap S_\rho; \\ \\ 0, & \text{其他.} \end{cases}
$$

易知此函数是可测的 $-n$ 次齐次的奇函数. 进一步, $K_j^*(x) = \tilde{K}_j(x)$ 几乎处处成立. 事实上, 令 $x \neq 0$ 使得 $x_0 = \rho x / |x| \notin D \cap S_\rho$, 则对于几乎处处 λ, 有

$$
\tilde{K}_j(\lambda x_0) = \lambda^{-n} \tilde{K}_j(x_0) = \lambda^{-n} K_j^*(x_0) = K_j^*(\lambda x_0). \qquad \square
$$

为了证明定理 3.2.2, 我们需要下面的引理.

引理 3.2.2 积分核 $\tilde{K}_j$ 满足

$$
\int_{S^{n-1}} |\tilde{K}_j(\mu)| \mathrm{d}\sigma(\mu) \leqslant C_q \|\Omega\|_q.
$$

进一步, 若令 $\tilde{K}_{j,\varepsilon}(x) = \tilde{K}_j(x) \chi_{\{|x| > \varepsilon\}}$, 则 $\Delta_\varepsilon = R_j K_\varepsilon - \tilde{K}_{j,\varepsilon} \in L^1(\mathbb{R}^n)$ 且 $\|\Delta_\varepsilon\|_1 \leqslant C_q' \|\Omega\|_q$.

证明 由 $\tilde{K}_j$ 的齐次性可得

$$
\begin{aligned}
\int_{S^{n-1}} |\tilde{K}_j(\mu)| \mathrm{d}\sigma(\mu) &= \frac{1}{\log 2} \int_{1 < |x| < 2} |\tilde{K}_j(x)| \mathrm{d}x \\
&\leqslant \frac{1}{\log 2} \int_{1 < |x| < 2} |\tilde{K}_j(x) - R_j K_{1/2}(x)| \mathrm{d}x + \\
&\quad \frac{1}{\log 2} \int_{1 < |x| < 2} |R_j K_{1/2}(x)| \mathrm{d}x.
\end{aligned}
$$

在 $R_j K_v(x)$ 中, 令 $v = 1/2, |x| > 1$, 则当 $\varepsilon \to 0$ 时, 有

$$
|\tilde{K}_j(x) - R_j K_{1/2}(x)| \leqslant \frac{C \|\Omega\|_1}{|x|^{n+1}}.
$$

所以

$$\frac{1}{\log 2}\int_{1<|x|<2}|\tilde{K}_j(x)-R_jK_{1/2}(x)|\mathrm{d}x \leqslant C\|\Omega\|_1 \leqslant C\|\Omega\|_q.$$

注意,

$$\frac{1}{\log 2}\int_{1<|x|<2}|R_jK_{1/2}(x)|\mathrm{d}x \leqslant C\|R_jK_{1/2}\|_q \leqslant C\|K_{1/2}\|_q \leqslant C\|\Omega\|_q.$$

因为 $\Delta_\varepsilon = \varepsilon^{-n}\Delta_1(\varepsilon^{-1}x)$, 所以为了完成引理的证明, 我们只需证明 $\|\Delta_1\|_1 < \infty$.

注意,

$$\begin{aligned}\|\Delta_1\|_1 &= \int_{\mathbb{R}^n}|R_jK_1(x)-\tilde{K}_{j,1}(x)|\mathrm{d}x\\ &\leqslant \int_{|x|<2}|R_jK_1(x)|\mathrm{d}x + \int_{1<|x|<2}|\tilde{K}_j(x)|\mathrm{d}x + \int_{|x|>2}|\Delta_1(x)|\mathrm{d}x,\end{aligned}$$

$$\int_{|x|<2}|R_jK_1(x)|\mathrm{d}x \leqslant C\|R_jK_1\|_q \leqslant C\|K_1\|_q \leqslant C\|\Omega\|_q,$$

由前面的证明可知:

$$\int_{1<|x|<2}|\tilde{K}_j(x)|\mathrm{d}x \leqslant C\|\Omega\|_q.$$

我们可以通过证明 $|\Delta_1(x)| \leqslant C\|\Omega\|_1|x|^{-n-1}$ 得到

$$\int_{|x|>2}|\Delta_1(x)|\mathrm{d}x \leqslant C\|\Omega\|_q. \qquad \square$$

现在我们证明下面的定理.

定理 3.2.2　设 Ω 是一个定义在 S^{n-1} 上积分为零的函数且满足奇部分属于 $L^1(S^{n-1})$, 偶部分属于 $L^q(S^{n-1})$, $q>1$, 则奇异积分算子 T 在 $L^p(\mathbb{R}^n)$ 上有界, 这里 $1<p<\infty$.

证明 由推论 3.2.3 可知: 我们可以假设 Ω 是一个偶函数. 类似于希尔伯特变换有界性的证明, 我们可以假设 $f \in C_c^\infty(\mathbb{R}^n)$, 从而 $Tf = \lim\limits_{\varepsilon \to 0} K_\varepsilon * f$. 易知

$$K_\varepsilon * f = -\sum_{j=1}^n R_j\left((R_j K_\varepsilon) * f\right),$$

$$(R_j K_\varepsilon) * f = \tilde{K}_{j,\varepsilon} * f + \Delta_\varepsilon * f.$$

由引理 3.2.2 可知: $\tilde{K}_j$ 是一个 $-n$ 次齐次的奇函数, 所以由推论 3.2.3 可得

$$\|\tilde{K}_{j,\varepsilon} * f\|_p \leqslant C \int_{S^{n-1}} |\tilde{K}_j(\mu)| \mathrm{d}\sigma(\mu) \|f\|_p \leqslant C \|\Omega\|_q \|f\|_p.$$

由引理 3.2.1 可知,

$$\|\Delta_\varepsilon * f\|_p \leqslant \|\Delta_\varepsilon\|_1 \|f\|_p \leqslant \|\Omega\|_q \|f\|_p.$$

利用上面的估计和 R_j 在 $L^p(\mathbb{R}^n)$ 上有界可得

$$\|K_\varepsilon * f\|_p \leqslant C \|\Omega\|_q \|f\|_p.$$

从而由 Fatou 定理可知,

$$\|Tf\|_p \leqslant C \|\Omega\|_q \|f\|_p.$$

这就完成了定理的证明. $\qquad\qquad\qquad\qquad\qquad\qquad\qquad\qquad\qquad\square$

3.3 第二类奇异积分算子

本节考查下面形式的奇异积分算子. 设 K 是 $\mathbb{R}^n$ 上的一个缓增分布且在 $\mathbb{R}^n \setminus \{0\}$ 上是一个局部可积的函数, 满足

$$|\hat{K}(\xi)| \leqslant A,$$

$$\int_{|x|>2|y|} |K(x-y) - K(x)|\mathrm{d}x \leqslant B, \quad y \in \mathbb{R}^n,$$

对于 $f \in \mathscr{S}(\mathbb{R}^n)$, 定义算子 T 为 $Tf(x) = K * f(x)$.

上面的第二个条件称为 Hörmander 条件, 在实际应用中, 我们经常将其转化为一个更强的梯度条件.

命题 3.3.1 若对于 $x \neq 0$, $|\nabla K(x)| \leqslant \dfrac{C}{|x|^{n+1}}$ 成立, 则 Hörmander 条件成立.

关于奇异积分算子 T, 我们有下面的结论.

定理 3.3.1 设 K 是 $\mathbb{R}^n$ 上的一个缓增分布且在 $\mathbb{R}^n \setminus \{0\}$ 上是一个局部可积的函数, 满足

$$|\hat{K}(\xi)| \leqslant A,$$

$$\int_{|x|>2|y|} |K(x-y) - K(x)|\mathrm{d}x \leqslant B, \quad y \in \mathbb{R}^n,$$

则当 $1 < p < \infty$ 时, 我们有

$$\|K * f\|_p \leqslant C_p\|f\|_p$$

和

$$|\{x \in \mathbb{R}^n : |K * f(x)| > \lambda\}| \leqslant \frac{C}{\lambda}\|f\|_1.$$

证明 该定理的证明类似于希尔伯特变换有界性的证明, 下面给出证明的主要思路.

设 $f \in \mathscr{S}(\mathbb{R}^n)$, 记 $Tf = K * f$, 则由 $|\hat{K}(\xi)| \leqslant A$ 可得 $\|Tf\|_2 \leqslant A\|f\|_2$. 下面我们只需证明 T 是弱 $(1,1)$ 有界的. 事实上, 利用插值定理可以得到强 (p,p), $1 < p < 2$ 有界; 当 $p > 2$ 时, 因为 T 的共轭算子 T^* 的积分核 $K^*(x) = K(-x)$, 所以可以利用对偶定理得到相应的结论.

为了证明 T 是弱 $(1,1)$ 有界的, 我们固定 $\lambda > 0$, 由 Calderón-Zygmund 分解定理可以得到 $f = g + b$, 其中 $g \in L^2$ 且 $|g(x)| \leqslant 2^n \lambda$ 几乎处处成立; b 是一些紧支集包含于互不相交的二进方体 Q_j 且积分为零的函数 b_j 的和. 类似于前面的证明, 我们只需证明

$$\int_{\mathbb{R}^n \backslash Q_j^*} |Tb_j(x)| \mathrm{d}x \leqslant C \int_{Q_j} |b_j(x)| \mathrm{d}x,$$

这里 Q_j^* 表示中心与 Q_j 相同且边长为其 $2\sqrt{n}$ 倍的二进方体. 记 Q_j 和 Q_j^* 共同的中心为 c_j, 则由 Hörmander 条件可知: 当 $x \notin Q_j^*$ 时, 因为 b_j 的积分为零, 所以

$$Tb_j(x) = \int_{Q_j} K(x-y) b_j(y) \mathrm{d}y = \int_{Q_j} [K(x-y) - K(x-c_j)] b_j(y) \mathrm{d}y.$$

从而

$$\int_{\mathbb{R}^n \backslash Q_j^*} |Tb_j(x)| \mathrm{d}x \leqslant \int_{Q_j} |b_j(x)| \mathrm{d}x \left(\int_{\mathbb{R}^n \backslash Q_j^*} |K(x-y) - K(x-c_j)| \mathrm{d}x \right) \mathrm{d}y.$$

注意,

$$\mathbb{R}^n \backslash Q_j^* \subset \{ x \in \mathbb{R}^n : |x - c_j| > 2|y - c_j| \},$$

我们有

$$\int_{\mathbb{R}^n \backslash Q_j^*} |K(x-y) - K(x-c_j)| \mathrm{d}x \leqslant B,$$

从而定理得证. $\qquad\qquad\qquad\qquad\qquad\qquad\qquad\qquad\qquad\qquad\qquad$ $\square$

下面我们继续研究具有 $-n$ 次齐次积分核的奇异积分算子. 特别地, 若积分核为 $K(x) = \dfrac{\Omega(x')}{|x|^n}$, 则由定理 3.3.1 可知: 当 Ω 满足 Hörmander 条件时, 对应

的奇异积分算子是有界的. 接下来我们研究是否存在更弱的条件可以保证奇异积分算子有界, 如 $\Omega \in C^1(S^{n-1})$. 为了寻找更弱的条件, 我们定义

$$\omega_\infty(t) = \sup\{|\Omega(\mu_1) - \Omega(\mu_2)| : |\mu_1 - \mu_2| \leqslant t, \ \mu_1, \mu_2 \in S^{n-1}\}.$$

命题 3.3.2　若 Ω 满足

$$\int_0^1 \frac{\omega_\infty(t)}{t} \mathrm{d}t < \infty,$$

则积分核 $K(x) = \dfrac{\Omega(x')}{|x|^n}$ 满足 Dini 条件.

证明　首先, 我们有

$$
\begin{aligned}
|K(x-y) - K(x)| &= \left| \frac{\Omega((x-y)')}{|x-y|^n} - \frac{\Omega(x')}{|x|^n} \right| \\
&\leqslant \frac{|\Omega((x-y)') - \Omega(x')|}{|x-y|^n} + |\Omega(x')| \left| \frac{1}{|x-y|^n} - \frac{1}{|x|^n} \right|.
\end{aligned}
$$

由条件可知 Ω 是有界的, 从而在集合 $\{(x,y) : |x| > 2|y|\}$ 上有

$$|\Omega(x')| \left| \frac{1}{|x-y|^n} - \frac{1}{|x|^n} \right| \leqslant \frac{C|y|}{|x|^{n+1}}.$$

所以

$$\int_{\{|x|>2|y|\}} |\Omega(x')| \left| \frac{1}{|x-y|^n} - \frac{1}{|x|^n} \right| \mathrm{d}x < \infty.$$

当 $|x| > 2|y|$ 时,

$$|(x-y)' - x'| \leqslant 4\frac{|y|}{|x|},$$

故

$$\int_{\{|x|>2|y|\}} \frac{|\Omega((x-y)') - \Omega(x')|}{|x-y|^n} \mathrm{d}x \leqslant \int_{\{|x|>2|y|\}} \frac{\omega_\infty(4|y|/|x|)}{(|x|/2)^n} \mathrm{d}x$$

$$= 2^n |S^{n-1}| \int_0^2 \frac{\omega(t)}{t} \mathrm{d}t$$

$$\leqslant C. \qquad \qquad \square$$

进一步, 我们有下面的推论.

推论 3.3.1　设 Ω 是定义在 S^{n-1} 上的一个积分为零且满足 Dini 条件的函数, 则算子

$$Tf(x) = \mathrm{p.v.} \int_{\mathbb{R}^n} \frac{\Omega(y')}{|y|^n} f(x-y) \mathrm{d}y$$

是强 (p, p) 有界和弱 $(1, 1)$ 有界的, 其中 $1 < p < \infty$.

3.4　第三类奇异积分算子

第一类和第二类奇异积分算子都是卷积型算子, 此类算子可以先利用傅里叶变换得到 $L^2(\mathbb{R}^n)$ 有界, 然后再利用 Hörmander 条件得到 $L^p(\mathbb{R}^n)$ 有界. 但是这些技巧对于非卷积型算子不再适用, 本节我们来研究非卷积型的奇异积分算子.

令 Δ 表示由 $\mathbb{R}^n \times \mathbb{R}^n$ 的对角线元素所构成的集合, 即 $\Delta = \{(x, x) : x \in \mathbb{R}^n\}$, 类似于前面的证明, 我们可以得到下面的结论.

定理 3.4.1　设 T 是 L^2 上的一个有界算子, K 为 $\mathbb{R}^n \times \mathbb{R}^n \setminus \Delta$ 上的一个函数, 且对于具有紧支集的 $f \in L^2(\mathbb{R}^n)$ 有

$$Tf(x) = \int_{\mathbb{R}^n} K(x, y) f(y) \mathrm{d}y, \quad x \notin \mathrm{supp}(f).$$

若 K 满足

$$\int_{|x-y| > 2|y-z|} |K(x, y) - K(x, z)| \mathrm{d}x \leqslant C,$$

$$\int_{|x-y|>2|x-w|} |K(x,y) - K(w,y)| \mathrm{d}y \leqslant C,$$

则 T 是弱 $(1,1)$ 有界和强 (p,p) 有界的, 其中 $1 < p < \infty$.

我们定义一个函数 $K : \mathbb{R}^n \times \mathbb{R}^n \setminus \Delta \to \mathbb{C}$ 为标准核, 如果存在 $\delta > 0$ 使得

$$|K(x,y)| \leqslant \frac{C}{|x-y|^n},$$

$$|K(x,y) - K(x,z)| \leqslant C \frac{|y-z|^\delta}{|x-y|^{n+\delta}}, \quad |x-y| > 2|y-z|,$$

$$|K(x,y) - K(w,y)| \leqslant C \frac{|x-w|^\delta}{|x-y|^{n+\delta}}, \quad |x-y| > 2|x-w|.$$

显然, 标准核满足 Hörmander 条件.

定义 3.4.1 一个算子 T 称为 Calderón-Zygmund 算子, 如果 T 在 $L^2(\mathbb{R}^n)$ 上有界且存在一个标准核 K 使得对于具有紧支集的函数 $f \in L^2(\mathbb{R}^n)$ 有

$$Tf(x) = \int_{\mathbb{R}^n} K(x,y) f(y) \mathrm{d}y, \quad x \notin \mathrm{supp}(f).$$

记

$$T_\varepsilon f(x) = \int_{|x-y|>\varepsilon} K(x,y) f(y) \mathrm{d}y,$$

关于 $T_\varepsilon f(x)$ 的极限, 我们有如下结论.

命题 3.4.1 当 $f \in C_c^\infty(\mathbb{R}^n)$ 时, 极限 $\lim\limits_{\varepsilon \to 0} T_\varepsilon f(x)$ 几乎处处存在当且仅当

$$\lim_{\varepsilon \to 0} \int_{\varepsilon < |x-y| < 1} K(x,y) \mathrm{d}y$$

几乎处处存在.

一个 Calderón-Zygmund 奇异积分算子是一个 Calderón-Zygmund 算子且满足

$$Tf(x) = \lim_{\varepsilon \to 0} T_\varepsilon f(x).$$

为了证明上式, 我们引入极大算子

$$T^* f(x) = \sup_{\varepsilon > 0} |T_\varepsilon f(x)|.$$

由定理 2.2.1 可知: 若 T^* 是弱 (p, p) 的, 则集合

$$\{f \in L^p(\mathbb{R}^n) : \lim_{\varepsilon \to 0} T_\varepsilon f(x) \text{ 几乎处处存在}\}$$

为 $L^p(\mathbb{R}^n)$ 中的闭集, 从而如果极限对于 $L^p(\mathbb{R}^n)$ 的稠密子集 $C_c^\infty(\mathbb{R}^n)$ 存在, 则对于 $L^p(\mathbb{R}^n)$ 亦存在.

为了证明上述结论, 我们需要下面的引理.

引理 3.4.1 设 S 是一个弱 $(1, 1)$ 有界的算子, E 是一个有限的可测集, 则对于 $0 < v < 1$, 存在一个常数 $C > 0$ 使得

$$\int_E |Sf(x)|^v \mathrm{d}x \leqslant C|E|^{1-v} \|f\|_1^v.$$

证明 由 S 弱 $(1, 1)$ 有界可得

$$
\begin{aligned}
\int_E |Sf(x)|^v \mathrm{d}x &= v \int_0^\infty \lambda^{v-1} |\{x \in E : |Sf(x)| > \lambda\}| \mathrm{d}\lambda \\
&\leqslant v \int_0^\infty \lambda^{v-1} \min\left\{|E|, \frac{C}{\lambda} \|f\|_1\right\} \mathrm{d}\lambda \\
&= v \int_0^{C\|f\|_1/|E|} \lambda^{v-1} |E| \mathrm{d}\lambda + v \int_{C\|f\|_1/|E|}^\infty C\lambda^{v-2} \|f\|_1 \mathrm{d}\lambda,
\end{aligned}
$$

从而引理得证. $\square$

引理 3.4.2 若 T 是一个 Calderón-Zygmund 算子, 则对于 $0 < v < 1$ 和 $f \in C_c^\infty(\mathbb{R}^n)$ 有

$$T^* f(x) \leqslant C_v (M(|Tf|^v)(x)^{1/v} + Mf(x)).$$

证明　利用平移不变性, 我们只需证明

$$T_\varepsilon f(0) \leqslant C \left(M(|Tf|^v)(0)^{1/v} + Mf(0) \right),$$

这里 C 是一个与 ε 无关的常数.

固定 $\varepsilon > 0$, 令 $Q = B(0, \varepsilon/2)$, $2Q = B(0, \varepsilon)$. 记 $f_1 = f\chi_{2Q}$, $f_2 = f - f_1$, 则

$$Tf_2(0) = \int_{|y|>\varepsilon} K(0,y)f(y)\mathrm{d}y = T_\varepsilon f(0).$$

若 $z \in Q$, 则由 K 为标准核可得

$$
\begin{aligned}
|Tf_2(z) - Tf_2(0)| &= \left| \int_{|y|>\varepsilon} (K(z,y) - K(0,y)) f(y)\mathrm{d}y \right| \\
&\leqslant C|z|^\delta \int_{|y|>\varepsilon} \frac{|f(y)|}{|y|^{n+\delta}}\mathrm{d}y \\
&\leqslant C\varepsilon^\delta \sum_{k=0}^\infty \int_{2^k\varepsilon<|y|<2^{k+1}\varepsilon} \frac{|f(y)|}{|y|^{n+\delta}}\mathrm{d}y \\
&\leqslant C \sum_{k=0}^\infty 2^{-k\delta} \frac{1}{(2^k\varepsilon)^n} \int_{|y|<2^{k+1}\varepsilon} |f(y)|\mathrm{d}y \\
&\leqslant C_\delta Mf(0),
\end{aligned}
$$

从而

$$|T_\varepsilon f(0)| \leqslant CMf(0) + |Tf(z)| + |Tf_1(z)|.$$

若 $T_\varepsilon f(0) = 0$, 则可得结论. 否则, 选取 $0 < \lambda < |T_\varepsilon f(0)|$, 并记

$$Q_1 = \{z \in Q : |Tf(z)| > \lambda/3\},$$

$$Q_2 = \{z \in Q : |Tf_1(z)| > \lambda/3\},$$

$$Q_3 = \begin{cases} \phi, & CMf(0) \leqslant \lambda/3, \\ Q, & CMf(0) > \lambda/3. \end{cases}$$

因为 $Q = Q_1 \cup Q_2 \cup Q_3$, 所以 $|Q| \leqslant |Q_1| + |Q_2| + |Q_3|$ 且

$$|Q_1| \leqslant \frac{3}{\lambda} \int_Q |Tf(z)| \mathrm{d}z \leqslant \frac{3}{\lambda} |Q| M(Tf)(0).$$

由 T 弱 $(1,1)$ 有界可得

$$|Q_2| = |\{z \in Q : |Tf_1(z)| > \lambda/3\}| \leqslant \frac{3C}{\lambda} \int_Q |f(z)| \mathrm{d}z \leqslant \frac{3C}{\lambda} |Q| Mf(0).$$

若 $Q_3 = Q$, 则 $\lambda \leqslant 3C Mf(0)$; 若 $Q_3 = \phi$, 则

$$|Q| \leqslant |Q_1| + |Q_2| \leqslant \frac{3C}{\lambda} |Q| \left(M(Tf)(0) + Mf(0) \right).$$

所以

$$\lambda \leqslant C \left(M(Tf)(0) + Mf(0) \right)$$

对于任意小于 $|T_\varepsilon f(0)|$ 的 λ 都成立, 从而我们证明了引理对于 $v = 1$ 是成立的.

若 $0 < v < 1$, 则

$$|T_\varepsilon f(0)|^v \leqslant C Mf(0)^v + |Tf(z)|^v + |Tf_1(z)|^v,$$

将其关于 z 在 Q 上积分后, 除以 $|Q|$ 再开 v 次根号可得

$$|T_\varepsilon f(0)| \leqslant C \left(Mf(0) + M(|Tf|^v)(0)^{1/v} + \left(\frac{1}{|Q|} \int_Q |Tf_1(z)|^v \mathrm{d}z \right)^{1/v} \right).$$

再由

$$\left(\frac{1}{|Q|} \int_Q |Tf_1(z)|^v \mathrm{d}z \right)^{1/v} \leqslant C |Q|^{-1} \|f_1\|_1 \leqslant C Mf(0)$$

可得引理中的结论. □

现在我们证明下面的定理.

定理 3.4.2　若 T 是一个 Calderón-Zygmund 算子, 则 T^* 是一个强 (p,p), $1 < p < \infty$ 有界和弱 $(1,1)$ 有界的算子.

证明　因为 T 和 M 都是强 (p,p) 有界的, 所以在引理 3.4.2 中令 $v = 1$ 可知: T^* 是强 (p,p) 有界的.

下面证明 T^* 是弱 $(1,1)$ 有界的. 在引理 3.4.2 中, 令 $v < 1$ 可知

$$|\{x \in \mathbb{R}^n : T^*f(x) > \lambda\}| \leqslant |\{x \in \mathbb{R}^n : Mf(x) > \lambda/2C\}| +$$

$$|\{x \in \mathbb{R}^n : M(|Tf|^v)(x)^{1/v} > \lambda/2C\}|.$$

因为 M 是弱 $(1,1)$ 有界的, 所以 $|\{x \in \mathbb{R}^n : Mf(x) > \lambda/2C\}|$ 满足相应的估计. 由引理 2.4.1 可知

$$|\{x \in \mathbb{R}^n : M(|Tf|^v)(x)^{1/v} > \lambda\}| \leqslant 2^n |\{x \in \mathbb{R}^n : M_{\mathrm{d}}(|Tf|^v)(x) > 4^{-n}\lambda^v\}|,$$

这里 M_{d} 是二进极大函数. 令 $E = \{x \in \mathbb{R}^n : M_{\mathrm{d}}(|Tf|^v)(x) > \lambda^v\}$, 则当 $f \in C_c^\infty(\mathbb{R}^n)$ 时, E 的测度有限且

$$|E| \leqslant \frac{1}{\lambda^v} \int_E |Tf(y)|^v \mathrm{d}y.$$

由引理 3.4.1, 我们可以得到

$$|E| \leqslant C\lambda^v |E|^{1-v} \|f\|_1^v.$$

若用 $4^{-n}\lambda^v$ 代替 λ^v, 则可得出结论. □

3.5　向量值奇异积分算子

设 B 是一个可分的 Banach 空间, F 是一个从 $\mathbb{R}^n$ 到 B 的函数, 如果对于任意 $b' \in B^*$, 都有映射 $x \mapsto \langle F(x), b' \rangle$ 是可测的, 那么 F 是可测的.

若 F 是可测的, 则函数 $x \mapsto \|F(x)\|_B$ 也是可测的, 从而空间 $L^p(B)$ 为从 $\mathbb{R}^n$ 到 B 的可测函数所构成的空间, 且满足

$$\|F\|_{L^p(B)} = \left(\int_{\mathbb{R}^n} \|F(x)\|_B^p \mathrm{d}x \right)^{1/p} < \infty, \quad 1 \leqslant p < \infty,$$

和

$$\|f\|_\infty = \sup\{\|F(x)\|_B : x \in \mathbb{R}^n\}.$$

易知空间 $L^p(B)$, $1 \leqslant p < \infty$ 是 Banach 空间.

设 $f \in L^p(\mathbb{R}^n)$, $b \in B$, 定义从 $\mathbb{R}^n$ 到 B 的函数 $f \cdot b$ 为 $(f \cdot b)(x) = f(x)b$. 我们可以证明 $f \cdot b \in L^p(B)$ 且它的范数为 $\|f\|_p \|b\|_B$. 我们用 $L^p \otimes B$ 表示所有这种类型元素的有限线性组合构成的空间, 则其为 $L^p(B)$ 的子空间且在 $L^p(B)$ 中稠密, 这里 $1 \leqslant p < \infty$.

给定 $F \sum_j f_j \cdot b_j \in L^1 \otimes B$, 定义它的积分为

$$\int_{\mathbb{R}^n} F(x)\mathrm{d}x = \sum_j \left(\int_{\mathbb{R}^n} f_j(x)\mathrm{d}x \right) b_j \in B.$$

映射 $F \mapsto \int F(x)\mathrm{d}x$ 可以连续延拓到 $L^1(B)$ 上. 对于函数 $F \in L^1(B)$, 其积分为 B 中唯一满足下面等式的元素:

$$\left\langle \int_{\mathbb{R}^n} F(x)\mathrm{d}x, b' \right\rangle = \int_{\mathbb{R}^n} \langle F(x), b' \rangle \mathrm{d}x,$$

这里 $b' \in B^*$.

若 $F \in L^p(B)$, $G \in L^{p'}(B^*)$, 则 $\langle F, G \rangle(x) = \langle F(x), G(x) \rangle$ 是可积的, 进一步, 我们有

$$\|G\|_{L^{p'}(B^*)} = \sup \left\{ \left| \int_{\mathbb{R}^n} \langle F(x), G(x) \rangle \mathrm{d}x \right| : \|F\|_{L^p(B)} \leqslant 1 \right\},$$

由此可知 $L^{p'}(B^*) \subset (L^p(B))^*$. 一般情况下, 上述等式不成立. 在特殊情况下, 例如, 当 $1 \leqslant p < \infty$ 且 B 为自反空间时, 等式成立.

设 A 和 B 是两个 Banach 空间, 我们用 $L(A, B)$ 表示从 A 到 B 的所有有界线性算子构成的空间. 假设 K 是一个定义在 $\mathbb{R}^n \times \mathbb{R}^n \setminus \Delta$ 上且值域包含在 $L(A, B)$ 中的函数, T 是以 K 为积分核的算子, 即当 $f \in L^\infty(A)$ 且具有紧支集的时候, 我们有

$$Tf(x) = \int_{\mathbb{R}^n} K(x, y)f(y)\mathrm{d}y, \quad x \notin \operatorname{supp}(f).$$

关于算子 T, 我们有下面的结论.

定理 3.5.1 设对于某个 $1 < r < \infty$, T 是一个从 $L^r(A)$ 到 $L^r(B)$ 的有界算子且其积分核为 K, 若 K 满足

$$\int_{|x-y|>2|y-z|} \|K(x, y) - K(x, z)\|_{L(A,B)}\mathrm{d}x \leqslant C$$

和

$$\int_{|x-y|>2|x-w|} \|K(x, y) - K(w, y)\|_{L(A,B)}\mathrm{d}y \leqslant C,$$

则 T 是从 $L^p(A)$ 到 $L^p(B)$ 有界的, 这里 $1 \leqslant p < \infty$ 且 T 是弱 $(1, 1)$ 有界的, 即

$$|\{x \in \mathbb{R}^n : \|Tf(x)\|_B > \lambda\}| \leqslant \frac{C}{\lambda}\|f\|_{L^1(A)}.$$

习 题 3

1. 设 $\varphi \in \mathscr{S}(\mathbb{R})$, 证明: $H\varphi \in L^1(\mathbb{R})$ 当且仅当 $\int_{\mathbb{R}} \varphi(x)\mathrm{d}x = 0$.

2. 设 $f \in L^2(\mathbb{R})$, $xf \in L^2(\mathbb{R})$, 且 $\int_{\mathbb{R}} f(x)\mathrm{d}x = 0$. 证明: $Hf \in L^1(\mathbb{R})$.

3. 证明: $L^p(\mathbb{R})(1 \leqslant p < \infty)$ 中奇 (偶) 函数的希尔伯特变换为偶 (奇) 函数.

4. (1) 对于任意 $0 < a < b < \infty$, 证明:

$$\left| \int_a^b \frac{\sin x}{x} \mathrm{d}x \right| \leqslant 4.$$

(2) 对于任意 $a > 0$, 定义

$$I(a) = \int_0^\infty \frac{\sin x}{x} \mathrm{e}^{-ax} \mathrm{d}x,$$

证明: $I(a)$ 在零点连续.

5. 令 $Q_y^{(j)}$ 表示共轭 Poisson 核的第 j 个分坐标, 其定义为

$$Q_y^{(j)}(x) = \frac{\Gamma\left(\dfrac{n+1}{2}\right)}{\pi^{\frac{n+1}{2}}} \frac{x_j}{(|x|^2 + y^2)^{\frac{n+1}{2}}}.$$

证明:

$$(Q_y^{(j)})^\wedge(\xi) = -\mathrm{i}\frac{\xi_j}{|\xi|}\mathrm{e}^{-2\pi y|\xi|}.$$

6. 对于 $n \geqslant 2$ 和 $f_0, \cdots, f_n \in L^2(\mathbb{R}^n)$, 令 $u_j(x, x_0) = (P_{x_0} * f_j)(x)$ 表示 f_j 的 Poisson 积分, 其中 $0 \leqslant j \leqslant n$, $x = (x_1, \ldots, x_n) \in \mathbb{R}^n$, $x_0 > 0$. 证明:

$$f_j = R_j(f_0), \quad j = 1, 2, \cdots, n$$

的充分必要条件是下面的广义 Cauchy-Riemann 方程成立:

$$\sum_{j=1}^n \frac{\partial u_j}{\partial x_j}(x, x_0) = 0,$$

$$\frac{\partial u_j}{\partial x_k}(x, x_0) = \frac{\partial u_k}{\partial x_j}(x, x_0), \quad 0 \leqslant j \neq k \leqslant n.$$

7. 在分布意义下, 证明下面等式成立:

$$\partial_j |x|^{-n+1} = (1-n)\mathrm{p.v.}\frac{x_j}{|x|^{n+1}}.$$

8. 设 $T_\alpha, \alpha \in \mathbb{R}$ 为卷积型算子, 其卷积核的傅里叶变换为

$$u_\alpha(\xi) = \mathrm{e}^{-\pi\mathrm{i}\alpha\operatorname{sgn}\xi}.$$

(1) 证明: T_α 是 $L^2(\mathbb{R})$ 上的等距算子且满足 $(T_\alpha)^{-1} = T_{2-\alpha}$.

(2) 利用恒等算子和希尔伯特变换表示 T_α.

9. 令 Ω 表示 S^{n-1} 上的一个非零可积函数且积分为零, 如果 $f \geqslant 0$ 是 $\mathbb{R}^n$ 上的一个非零的可积函数, 证明 $T_\Omega(f)$ 不属于 $L^1(\mathbb{R}^n)$.

10. 对于 $\Omega \in L^1(S^{n-1})$ 和 $\mathbb{R}^n$ 上的局部可积函数 f, 定义

$$M_\Omega(f)(x) = \sup_{R>0} \frac{1}{v_n R^n} \int_{|y|\leqslant R} |\Omega(y/|y|)||f(x-y)|\mathrm{d}y.$$

试利用旋转的方法证明 M_Ω 在 $L^p(\mathbb{R}^n)$ 上有界, 其中 $1 < p < \infty$.

11. 设 $\Omega(x,\theta)$ 是定义在 $\mathbb{R}^n \times S^{n-1}$ 上的函数且满足

(a) 对于所有 x 和 θ, $\Omega(x,-\theta) = -\Omega(x,\theta)$;

(b) $\sup_x |\Omega(x,\theta)| \in L^1(S^{n-1})$,

试利用旋转的方法证明

$$T_\Omega(f)(x) = \mathrm{p.v.} \int_{\mathbb{R}^n} \frac{\Omega(x,y/|y|)}{|y|^n} f(x-y)\mathrm{d}y$$

在 $L^p(\mathbb{R}^n)$ 上有界, 其中 $1 < p < \infty$.

12. 设 $\Omega \in L^1(S^{n-1})$ 积分为零, 证明: 若 T_Ω 从 $L^p(\mathbb{R}^n)$ 到 $L^q(\mathbb{R}^n)$ 有界, 则 $p = q$.

13. 设 Ω 是 S^{n-1} 上的一个可积函数且积分为零, 试利用 Jensen 不等式证明存在常数 $C > 0$ 使得对于任意径向函数 $f \in L^2(\mathbb{R}^n)$, 有

$$\|T_\Omega(f)\|_{L^2} \leqslant C\|f\|_{L^2}.$$

14. 设 $\varepsilon > 0$ 且 $f \in L^p(\mathbb{R}^n)(1 \leqslant p \leqslant \infty)$. 算子 T 的定义为

$$Tf(x) = \int_{|x-y|>1} \frac{f(y)}{|x-y|^{n+\varepsilon}} \mathrm{d}y.$$

证明: T 弱 $(1,1)$ 有界且强 (p,p) 有界, 其中 $1 < p \leqslant \infty$.

15. 设 $f \in L^1(\mathbb{R}^n)$, 证明: 对于任意 $\alpha > 0$, 都存在互不相交的二进方体 Q_j 使得集合

$$E_\alpha = \{x \in \mathbb{R}^n : M(f)(x) > \alpha\}$$

包含于 $\underset{j}{\cup} 3Q_j$ 且

$$\frac{\alpha}{4^n} < \frac{1}{|Q_j|} \int_{Q_j} |f(t)| \mathrm{d}t \leqslant \frac{\alpha}{2^n}.$$

16. 设 K 满足 Hörmander 条件且上界为 A_2, T 是以 K 为卷积核的奇异积分算子. 证明: 若 T 从 $L^\infty(\mathbb{R}^n)$ 到 $L^\infty(\mathbb{R}^n)$ 有界且上界为 B, 则 T 可以延拓到 $L^1 + L^\infty$ 上且

$$\|T\|_{L^1 \to L^{1,\infty}} \leqslant C_n(A_2 + B),$$

一般地, 当 $1 < p < \infty$ 时,

$$\|T\|_{L^p \to L^p} \leqslant C'_n \frac{1}{(p-1)^{1/p}}(A_2 + B).$$

17. 设 K 是 $\mathbb{R}^n \setminus \{0\}$ 上的一个函数且满足 $|K(x)| \leqslant A|x|^{-n}$, 令 $\eta(x)$ 为一个光滑函数, 该函数在 $|x| \geqslant 2$ 上等于 1 且在 $|x| \leqslant 1$ 上等于 0. 对于 $f \in L^p(\mathbb{R}^n)$, $1 \leqslant p < \infty$, 定义截断奇异积分算子为

$$T^{(\varepsilon)}(f)(x) = \int_{|y| \geqslant \varepsilon} K(y)f(x-y)\mathrm{d}y,$$

$$T_\eta^{(\varepsilon)}(f)(x) = \int_{\mathbb{R}^n} \eta(y/\varepsilon)K(y)f(x-y)\mathrm{d}y.$$

证明: 截断极大奇异积分

$$T^{(*)}(f)(x) = \sup_{\varepsilon > 0} |T^{(\varepsilon)}(f)(x)|$$

在 $L^p(\mathbb{R}^n), 1 \leqslant p < \infty$ 上有界当且仅当光滑截断极大奇异积分

$$T_\eta^{(*)}(f)(x) = \sup_{\varepsilon > 0} |T_\eta^{(\varepsilon)}(f)(x)|$$

在 $L^p(\mathbb{R}^n), 1 \leqslant p < \infty$ 上有界.

18. 设 T 是一个卷积算子且在 $L^2(\mathbb{R}^n)$ 上有界, 如果 $f_0 \in L^1(\mathbb{R}^n) \cap L^2(\mathbb{R}^n)$ 满足积分为零且 $T(f_0)$ 可积, 证明 $T(f_0)$ 也满足积分为零.

19. 设 K 是一个标准核, $W \in \mathscr{S}'(\mathbb{R}^n)$ 是 K 在 $\mathbb{R}^n$ 上的一个延拓, f 是 $C^1(\mathbb{R}^n)$ 中一个具有紧支集的函数且满足平均值为零, 证明函数 $f * W$ 属于 $L^1(\mathbb{R}^n)$.

20. 设 K 是一个标准核, 令 $K^{(\varepsilon, N)}(x) = K(x)\chi_{\varepsilon < |x| < N}(x)$, $T^{(\varepsilon, N)}$ 为以 $K^{(\varepsilon, N)}$ 为卷积核的算子, 其中 $0 < \varepsilon < N < \infty$. 对于 $f \in L^p(\mathbb{R}^n)$, $1 < p < \infty$, 证明存在序列 $\varepsilon_j \to 0$ 使得

$$\lim_{j \to \infty, N \to \infty} T^{(\varepsilon_j, N)}(f)$$

几乎处处收敛.

21. 设 Ω 是 S^{n-1} 上的可积函数且积分为零, 令

$$\omega_\infty(t) = \sup\{|\Omega(\theta_1) - \Omega(\theta_2)| : \theta_1, \theta_2 \in S^{n-1}, |\theta_1 - \theta_2| \leqslant t\}$$

满足 Dini 条件

$$\int_0^1 \omega_\infty(t) \frac{\mathrm{d}t}{t} < \infty,$$

证明: 函数 $K(x) = \Omega(x/|x|)|x|^{-n}$ 满足 Hörmander 条件.

22. 对于 $j \in \mathbb{Z}$, 令 I_j 表示 $\mathbb{R}$ 中的一个区间, 定义算子 T_j 为

$$\widehat{T_j f}(\xi) = \hat{f}\xi\chi_{I_j}(\xi).$$

证明: 存在常数 $C > 0$ 使得对于所有 $1 < p, r < \infty$ 和所有平方可积函数 f_j, 有

$$\left\|\left(\sum_j |T_j(f_j)|^r\right)^{\frac{1}{r}}\right\|_{L^p} \leqslant C \max\left(r, \frac{1}{r-1}\right) \max\left(p, \frac{1}{p-1}\right) \left\|\left(\sum_j |f_j|^r\right)^{\frac{1}{r}}\right\|_{L^p}$$

和

$$\left\|\left(\sum_j |T_j(f_j)|^r\right)^{\frac{1}{r}}\right\|_{L^{1,\infty}} \leqslant C \max\left(r, \frac{1}{r-1}\right) \left\|\left(\sum_j |f_j|^r\right)^{\frac{1}{r}}\right\|_{L^1}.$$

23. 设 R_j 表示 $\mathbb{R}^n$ 中的一个长方体, 且该长方体的边平行于坐标轴, 定义算子 S_j 为

$$\widehat{S_j f}(\xi) = \hat{f}\xi\chi_{R_j}(\xi),$$

证明: 存在常数 $C_n > 0$ 使得对于所有 $1 < p, r < \infty$ 和所有平方可积函数 f_j, 有

$$\left\|\left(\sum_j |S_j(f_j)|^r\right)^{\frac{1}{r}}\right\|_{L^p} \leqslant C_n \max\left(r, \frac{1}{r-1}\right)^n \max\left(p, \frac{1}{p-1}\right)^n \left\|\left(\sum_j |f_j|^r\right)^{\frac{1}{r}}\right\|_{L^p}.$$

24. 设 Φ 为 $\mathbb{R}^n$ 上的一个函数, 且满足

$$\sup_{x \in \mathbb{R}^n} |x|^n |\Phi(x)| \leqslant A,$$

$$\int_{\mathbb{R}^n} |\Phi(x-y) - \Phi(x)| \mathrm{d}x \leqslant \eta(y),$$

$$\int_{|x| \geqslant R} |\Phi(x)| \mathrm{d}x \leqslant \eta(R^{-1}),$$

其中 $R \geqslant 1$, η 是区间 $[0, 2]$ 上的一个连续的递增函数且满足 $\eta(0) = 0$ 和 $\int_0^2 \dfrac{\eta(t)}{t} \mathrm{d}t < \infty$. 如果 $\Phi \in L^1(\mathbb{R}^n)$, 证明: 极大函数

$$f \to \sup_{j \in \mathbb{Z}} |f * \Phi_{2^j}|$$

在 $L^p(\mathbb{R}^n)$ 上有界, 这里 $1 < p \leqslant \infty$.

25. 设 K 是 $\mathbb{R}$ 上的一个可积函数且算子 $f \to f * K$ 在 $L^p(\mathbb{R}^n)$ 上有界, 其中 $1 < p < \infty$. 证明: 当 $q < 1$ 时, 向量值不等式

$$\left\| \left(\sum_j |K * f_j)|^q \right)^{\frac{1}{q}} \right\|_{L^p} \leqslant C_{p,q} \left\| \left(\sum_j |f_j|^q \right)^{\frac{1}{q}} \right\|_{L^p}$$

可能不成立.

第 4 章　哈代空间与有界平均震荡空间

本章将介绍哈代空间和有界平均震荡 (Bounded Mean Oscillation, BMO) 空间. 哈代空间可以看作 $p < 1$ 时勒贝格空间 $L^p(\mathbb{R}^n)$ 的替代空间, 本章将证明哈代空间的原子分解刻画、Littlewood-Paley 刻画以及奇异积分算子在哈代空间上的有界性. BMO 空间可以看作 $L^\infty(\mathbb{R}^n)$ 空间的替代空间, 如奇异积分算子在 $L^\infty(\mathbb{R}^n)$ 上不是有界的, 但它是从 $L^\infty(\mathbb{R}^n)$ 到 BMO 有界的, 本章将证明哈代空间的对偶空间是 BMO 空间以及 BMO 空间的 Carleson 测度刻画.

4.1　哈 代 空 间

1. 哈代空间的定义

由第 3 章可知, 奇异积分算子作用在一个可积函数上的结果不一定属于 $L^1(\mathbb{R}^n)$, 而本章将定义 $L^1(\mathbb{R}^n)$ 的一个子空间, 使得它在奇异积分算子作用下的结果属于 $L^1(\mathbb{R}^n)$. 进一步, 当 $0 < p < 1$ 时, 我们寻找一个 $L^p(\mathbb{R}^n)$ 的替代空间——哈代空间 $H^p(\mathbb{R}^n)$. 为了定义该子空间, 我们首先定义一个缓增分布是有界的.

定义 4.1.1　我们称一个缓增分布 v 是有界的, 如果对于任意的 $\phi \in \mathscr{S}(\mathbb{R}^n)$, 都有 $\phi * v \in L^\infty(\mathbb{R}^n)$.

若 v 是一个有界的缓增分布, 则对于 $h \in L^1(\mathbb{R}^n)$, 卷积 $h * v$ 可以按照下面的方式看作一个分布:

$$\langle h * v, \phi \rangle = \langle \tilde{\phi} * v, \tilde{h} \rangle = \int_{\mathbb{R}^n} (\tilde{\phi} * v)(x)\tilde{h}(x)\mathrm{d}x,$$

这里 ϕ 是一个 Schwartz 函数且 $\tilde{\phi}(x) = \phi(-x)$, $\tilde{h}(x) = h(-x)$. 特别地, Poisson 核 P 的表达式为

$$P(x) = \frac{\Gamma\left(\dfrac{n+1}{2}\right)}{\pi^{\frac{n+1}{2}}} \frac{1}{(1+|x|^2)^{\frac{n+1}{2}}},$$

从而 $P_t(x) = t^{-n}P(t^{-1}x) \in L^1(\mathbb{R}^n)$, 故 $P_t * v$ 是一个分布. 事实上, 若令 $1 = \hat{\phi}(\xi) + 1 - \hat{\phi}(\xi)$, 其中 $\hat{\phi}(\xi) \in \mathscr{S}(\mathbb{R}^n)$ 在零点的某个邻域内等于 1, 则 $\delta_0 = \phi + (\delta_0 - \phi)$ 且

$$P_t * v = P_t * (\phi * v) + P_t * (\delta_0 - \phi) * v.$$

因为 $P_t(x) = t^{-n}P(t^{-1}x) \in L^1(\mathbb{R}^n)$ 且 $\phi * v \in L^\infty(\mathbb{R}^n)$, 所以 $P_t * (\phi * v)$ 是一个有界函数. 再由 $P_t * (\delta_0 - \phi)$ 的傅里叶变换为 $\mathrm{e}^{-2\pi t|\xi|}(1 - \hat{\phi}(\xi)) \in \mathscr{S}(\mathbb{R}^n)$ 可知: $P_t * (\delta_0 - \phi) \in \mathscr{S}(\mathbb{R}^n)$. 又因为 v 是一个有界的缓增分布, 所以 $P_t * (\delta_0 - \phi) * v$ 是一个有界函数. 综上可知: $P_t * v$ 是一个有界函数.

关于有界分布 f 的一个重要结论是: 在分布意义下,

$$P_t * f \to f, \quad t \to 0.$$

下面我们给出哈代空间的定义.

定义 4.1.2　设 f 是 $\mathbb{R}^n$ 上的一个有界分布且 $0 < p < \infty$, 我们称 f 属于哈代空间 $H^p(\mathbb{R}^n)$, 如果 Poisson 极大函数

$$M_P(f)(x) = \sup_{t>0} |(P_t * f)(x)|$$

属于 $L^p(\mathbb{R}^n)$. 记

$$\|f\|_{H^p} = \|M_P(f)\|_{L^p}.$$

我们可以给出一个不属于哈代空间的例子: Dirac 测度 δ_0. 事实上, $\delta_0 * P_t = P_t$ 且 $\sup\limits_{t>0} P_t \approx |x|^{-n}$ 不属于 $L^p(\mathbb{R}^n)$, $0 < p < \infty$.

下面我们来考查哈代空间 $H^p(\mathbb{R}^n)$ 与勒贝格空间 $L^p(\mathbb{R}^n)$ 之间的关系.

定理 4.1.1 (1) 当 $1 < p \leqslant \infty$ 时, 有 $H^p(\mathbb{R}^n) = L^p(\mathbb{R}^n)$. 进一步, 存在常数 $C_{n,p} > 0$ 使得

$$\|f\|_{L^p} \leqslant \|f\|_{H^p} \leqslant C_{n,p}\|f\|_{L^p},$$

即哈代空间 $H^p(\mathbb{R}^n)$ 与勒贝格空间 $L^p(\mathbb{R}^n)$ 是一致的.

(2) 当 $p = 1$ 时, $H^1(\mathbb{R}^n)$ 中的元素是可积的, 即 $H^1(\mathbb{R}^n) \subset L^1(\mathbb{R}^n)$ 且对于 $f \in H^1(\mathbb{R}^n)$ 有

$$\|f\|_{L^1} \leqslant \|f\|_{H^1}.$$

证明 首先证明 (1). 设 $f \in H^1(\mathbb{R}^n)$ 且 $1 < p \leqslant \infty$, 则 $f * \Phi_{1/n}$ 是 $L^p(\mathbb{R}^n)$ 中的有界序列. 由 $L^p(\mathbb{R}^n)$ 的弱紧性可知: 存在 $f_0 \in L^p(\mathbb{R}^n)$ 和一个子列 $f * \Phi_{1/n_j}$ 在弱收敛意义下满足 $f * \Phi_{1/n_j} \to f_0$. 又因为在分布意义下有 $f * \Phi_{1/n_j} \to f$, 所以 $f = f_0 \in L^p(\mathbb{R}^n)$. 因为 $\{P_t\}$ 是一个恒等逼近, 所以

$$\|P_t * f - f\|_{L^p} \to 0, \quad t \to 0.$$

从而

$$\|f\|_{L^p} \leqslant \left\|\sup_{t>0} |P_t * f|\right\|_{L^p} = \|f\|_{H^p}.$$

$\|f\|_{H^p} \leqslant C_{n,p}\|f\|_{L^p}$ 可由下面的不等式得到:

$$\sup_{t>0} |P_t * f| \leqslant M(f),$$

其中 M 为 Hardy-Littlewood 极大函数.

然后证明 (2). 我们可以将 $L^1(\mathbb{R}^n)$ 嵌入有限 Borel 测度构成的空间 $\mathscr{U}$ 中, 其中 $\mathscr{U}$ 为在无穷远处等于零的连续函数所构成的空间 $C_0(\mathbb{R}^n)$ 的对偶空间. 因为空间 $C_0(\mathbb{R}^n)$ 是可分的, 所以由 Banach-Alaoglu 定理可知: $\mathscr{U}$ 中的单位球是弱星列紧的, 从而序列 $\{P_{t_j} * f\}$ 在关于测度的拓扑下收敛到某个测度 μ, 故分布 f 与测度 μ 是一致的.

下面我们来证明测度 μ 关于勒贝格测度是绝对连续的, 由此结论可得 f 与 $L^1(\mathbb{R}^n)$ 中的某个函数一致. 为此, 我们只需证明对于 $\mathbb{R}^n$ 中的任意子集 E, 若 $|E| = 0$, 则有 $|\mu(E)| = 0$. 因为 $\sup\limits_{t>0} |P_t * f| \in L^1(\mathbb{R}^n)$, 所以对于任意 $\varepsilon > 0$, 存在 $\delta > 0$ 使得对于 $\mathbb{R}^n$ 的任意子集 F 有

$$|F| < \delta \Rightarrow \int_F \sup_{t>0} |P_t * f| \mathrm{d}x < \varepsilon.$$

给定 $E \subset \mathbb{R}^n$ 且 E 满足 $|E| = 0$, 我们可以找到一个开集 U 使得 $E \subset U$ 且 $|U| < \delta$. 对于紧支集包含在 U 中且在无穷远处弱为零的连续函数 g, 有

$$\left| \int_{\mathbb{R}^n} g \mathrm{d}\mu \right| = \lim_{j \to \infty} \left| \int_{\mathbb{R}^n} g(x)(P_{t_j} * f)(x) \mathrm{d}x \right|$$
$$\leqslant \|g\|_{L^\infty} \int_U \sup_{t>0} |(P_t * f)(x)| \mathrm{d}x$$
$$\leqslant \varepsilon \|g\|_{L^\infty}.$$

令 $|\mu|$ 表示 μ 的全变差, 则

$$|\mu|(U) = \int_U 1 \mathrm{d}|\mu| = \sup \left\{ \left| \int_{\mathbb{R}^n} g \mathrm{d}\mu \right| : g \in C_c^0(U), \|g\|_{L^\infty} \leqslant 1 \right\},$$

所以 $|\mu|(U) < \varepsilon$, $|\mu|(E) = 0$. 因此 μ 是绝对连续的. □

2. 哈代空间的极大函数刻画

下面我们来考虑哈代空间的极大函数刻画. 首先, 我们引入几种极大函数.

定义 4.1.3　设 f 是 $\mathbb{R}^n$ 上的一个缓增分布且 $\varPhi$ 为 Schwartz 函数, 我们定义 f 与 $\varPhi$ 相关的光滑极大函数为

$$M_{\varPhi}(f)(x) = \sup_{t>0} |(\varPhi_t * f)(x)|.$$

设 f 是一个有界分布, 令

$$u(x,t) = (f * P_t)(x)$$

为 f 的 Poisson 积分, 定义 f 的非切极大函数为

$$u^*(x) = \sup_{|x-y| \leqslant t} |u(y,t)|.$$

我们还可以引入下面几种极大函数.

f 与 $\varPhi$ 相关的非切极大函数可定义为

$$M_{\varPhi}^*(f)(x) = \sup_{t>0} \sup_{|y-x| \leqslant t} |(\varPhi_t * f)(y)|.$$

对于 $\lambda > 0$, 我们还可以定义辅助极大函数为

$$M_{\lambda}^{**}(f)(x) = \sup_{t>0} \sup_{y \in \mathbb{R}^n} \frac{|(\varPhi_t * f)(x-y)|}{(1 + t^{-1}|y|)^{\lambda}}.$$

对于固定的自然数 N 和 Schwartz 函数 ϕ, 记

$$\tau_N(\phi) = \int_{\mathbb{R}^n} (1 + |x|)^N \sum_{|\alpha| \leqslant N+1} |\partial^{\alpha} \phi(x)| \mathrm{d}x,$$

$$\mathscr{F}_N = \{\phi \in \mathscr{S}(\mathbb{R}^n) : \tau_N(\phi) \leqslant 1\}.$$

下面给出主极大函数的定义.

定义 4.1.4　分布 f 的主极大函数为

$$M_N(f)(x) = \sup_{\phi \in \mathscr{F}_N} M_\phi^*(f)(x).$$

为了讨论上面几种极大函数之间的关系, 我们需要下面的引理.

引理 4.1.1　若 $M_\Phi^* f \in L^p(\mathbb{R}^n)$, $\lambda > n/p$, 则 $M_\lambda^{**} f \in L^p(\mathbb{R}^n)$, 且

$$\|M_\lambda^{**} f\|_{L^p} \leqslant C_{N,p} \|M_\Phi^* f\|_{L^p}.$$

证明　记

$$F(x,t) = |(f * \Phi_t)(x)|^p, \quad F_a^*(x) = \sup_{|y| < at} F(x-y, t),$$

则

$$\int_{\mathbb{R}^n} F_a^*(x) \mathrm{d}x \leqslant C_n (1+a)^n \int_{\mathbb{R}^n} F^*(x) \mathrm{d}x. \tag{4.1}$$

对于 $y \in \mathbb{R}^n$, $t > 0$, $N \geqslant 0$, 有

$$|(f * \Phi_t)(x-y)|^p \left(1 + \frac{|y|}{t}\right)^{-Np} \leqslant \sum_{k=0}^\infty 2^{(1-k)Np} F_{2^k}^*(x).$$

事实上, 当 $|y| < t$ 时, 无穷和中的第一项就可以控制左边的式子; 当 $2^{k-1}t < |y| \leqslant 2^k t$ 时, 无穷和中的第 k 项就可以控制左边的式子. 令

$$C_{N,p}^p = c_n \sum_{k=0}^\infty (1 + 2^k)^n \cdot 2^{(1-k)Np},$$

则由 $Np > n$ 可知: $C_{N,p} < \infty$, 从而引理可由式 (4.1) 得证.　$\square$

注 4.1.1　显然,

$$M_\Phi(f) \leqslant M_\Phi^*(f) \leqslant 2^\lambda M_\lambda^{**}(f),$$

从而由引理 4.1.1 可知:

$$\|M_\Phi^*(f)\|_{L^p} = 2^\lambda \|M_\lambda^{**}(f)\|_{L^p}.$$

引理 4.1.2 若 $\Phi, \Psi \in \mathscr{S}(\mathbb{R}^n)$ 且 $\int_{\mathbb{R}^n} \Phi \mathrm{d}x = 1$, 则存在一个函数列 $\{\eta^{(k)}\}$, $\eta^{(k)} \in \mathscr{S}(\mathbb{R}^n)$ 使得

$$\Psi = \sum_{k=0}^{\infty} \eta^{(k)} * \Phi_{2^{-k}}, \tag{4.2}$$

其中 $\eta^{(k)}$ 关于半范数 $\|\cdot\|_{\alpha,\beta}$ 快速收敛到 0, 且对于 $M \geqslant 0$, 当 $k \to \infty$ 时有

$$\|\eta^{(k)}\|_{\alpha,\beta} = o(2^{-kM}).$$

现在我们证明几种极大函数之间的关系.

定理 4.1.2 设 f 是一个分布且 $0 < p \leqslant \infty$, 则下面几个结论是等价的.

(1) 存在一个满足 $\int_{\mathbb{R}^n} \Phi(x)\mathrm{d}x \neq 0$ 的 Schwartz 函数, 使得

$$M_{\Phi}(f) \in L^p(\mathbb{R}^n).$$

(2) 存在函数族 $\mathscr{F}_N$ 使得

$$M_N(f) \in L^p(\mathbb{R}^n).$$

(3) 分布 f 是有界的且 $u^* \in L^p(\mathbb{R}^n)$.

证明 $(1) \Rightarrow (2)$.

我们首先证明

$$\|M_N f\|_{L^p} \leqslant C \|M_{\Phi}^* f\|_{L^p}. \tag{4.3}$$

对于 $\Psi \in \mathscr{S}(\mathbb{R}^n)$, 由引理 4.1.2 可知,

$$(M_{\Psi} f)(x) = \sup_{t>0}(f * \Psi_t)(x) \leqslant \sup_{t>0} \sum_{k=0}^{\infty} |(f * \Phi_{2^{-k}t} * \eta_t^{(k)})(x)|.$$

由 M_λ^{**} 的定义可知,

$$(M_\Psi f)(x) \leqslant \sup_{t>0} \sum_{k=0}^{\infty} \int |(f * \Phi_{2^{-k}t}(x-y))| t^{-n} |\eta^{(k)}(y/t)| \mathrm{d}y$$

$$\leqslant \sup_{t>0} t^{-n} \sum_{k=0}^{\infty} \int M_\lambda^{**} f(x) \left(1 + \frac{|y|}{2^{-k}t}\right)^\lambda |\eta^{(k)}(y/t)| \mathrm{d}y. \qquad (4.4)$$

若 $\|\eta^{(k)}\|_{\alpha,\beta} \leqslant C \cdot 2^{-k(N+1)}$, 则

$$t^{-n} \int \left(1 + \frac{2^k|y|}{t}\right)^N |\eta^{(k)}(y)| \mathrm{d}y \leqslant C \cdot 2^{-k}.$$

所以对于 $x \in \mathbb{R}^n$, 取 $\lambda > n/p$ 有

$$M_N f(x) = \sup_{\Psi \in \mathscr{F}_N} M_\Psi f(x) \leqslant C M_\lambda^{**} f(x).$$

故式 (4.3) 成立.

为了完成证明, 我们只需再证

$$\|M_\Phi^* f\|_{L^p} \leqslant C \|M_\Phi f\|_{L^p}. \qquad (4.5)$$

为了证明式 (4.5), 我们首先证明对 $q > 0$ 有

$$M_\Phi^* f(x) \leqslant C [M(M_\Phi f)^q(x)]^{1/q},$$

其中 M 为 Hardy-Littlewood 极大函数. 假设 $\|M_\Phi^* f\|_{L^p} < \infty$. 对于固定的 $\alpha > 0$, 令

$$F = F_\lambda = \{x : M_N f(x) \leqslant \alpha M_\Phi^* f(x)\}.$$

我们将证明对于充分大的 α 有

$$\int_{\mathbb{R}^n} (M_\Phi^* f)^p \mathrm{d}x \leqslant 2 \int_F (M_\Phi^* f)^p \mathrm{d}x. \qquad (4.6)$$

利用式 (4.3), 我们可以得到

$$\int_{F^c} (M_\Phi^* f)^p \mathrm{d}x \leqslant \alpha^{-p} \int_{F^c} (M_N f)^p \mathrm{d}x \leqslant C^p \alpha^{-p} \int_{\mathbb{R}^n} (M_\Phi^* f)^p \mathrm{d}x.$$

所以, 若取 $\lambda^p \geqslant 2C^p$, 则式 (4.6) 成立.

接下来证明对于 $q > 0$ 有

$$M_\Phi^* f x \leqslant C[M(M_\Phi f)^q(x)]^{1/q}, \quad x \in F. \tag{4.7}$$

记

$$f(x,t) = (f * \Phi_t)(x), f^*(x) = M_\Phi^* f(x) = \sup_{|x-y|<t} |f(y,t)|.$$

对于 $x \in \mathbb{R}^n$, 选取 (y,t) 使得 $|x-y| < t$ 和 $|f(y,t)| \geqslant f^*(x)/2$. 对于充分小的 r, 选取球 $B(y, rt)$. 当 $|x'-y| < rt$ 时, 有

$$|f(x',t) - f(y,t)| \leqslant rt \sup_{|x-y|<rt} |\nabla_z f(z,t)|.$$

又因为

$$\frac{\partial}{\partial z_i} f(z,t) = \frac{1}{t} f * \Phi_t^i(z),$$

且集合 $\{\Phi \in \mathscr{S}(\mathbb{R}^n) : \Phi^i(x+h), |h| \leqslant 1_r, i = 1, 2, \cdots, n\}$ 为 $\mathscr{S}(\mathbb{R}^n)$ 中的紧子集, 这里 $\Phi^i = \dfrac{\partial \Phi}{\partial z_i}$, 所以 $\|\Phi^i(x+h)\|_{\alpha,\beta} \leqslant C$. 从而

$$|f(x',t) - f(y,t)| \leqslant CtM_N f(x) \leqslant Cr\alpha M_\Phi^* f(x), \quad x \in F.$$

故当 $|f(y,t)| \geqslant f^*(x)/2$ 时, 有

$$|f(x',t) - f(y,t)| \leqslant Cr\alpha f^*(x).$$

选取满足 $C\alpha r \leqslant 1/4$ 的 r, 则有

$$|f(x',t)| \geqslant \frac{1}{4} f^*(x) = \frac{1}{4} M_\Phi^* f(x), \quad x' \in B(y, rt).$$

从而

$$
\begin{aligned}
|M_\Phi^* f(x)|^p &\leqslant \left(\frac{1+r}{r}\right)^n \frac{4^q}{|B(x,(1+r)t)|} \int_{B(x,(1+r)t)} |f(x',t)|^q \mathrm{d}x' \\
&\leqslant CM[(M_\Phi f)^q](x),
\end{aligned}
$$

故式 (4.7) 得证.

我们再利用 Hardy-Littlewood 极大函数的有界性可得

$$\int_F (M_\Phi^* f)(x)^p \mathrm{d}x \leqslant C \int_{\mathbb{R}^n} (M(M_\Phi^q f)(x))^{p/q} \mathrm{d}x \leqslant C \int_{\mathbb{R}^n} M_\Phi^p f(x) \mathrm{d}x,$$

将其与式 (4.6) 相结合, 即可得出式 (4.5).

下面我们考虑去掉假设条件 $\|M_\Phi^* f\|_{L^p} < \infty$. 对任意满足条件 $0 < \varepsilon \leqslant 1 < L < \infty$ 的 ε, L, 定义

$$M_\Phi^{\varepsilon,L}(f)(x) = \sup_{|x-y|<t<\varepsilon^{-1}} |f * \Phi_t(y)| \frac{t^L}{(\varepsilon + t + \varepsilon|y|)^L},$$

则存在一个充分大的 L 使得对于任意 $\varepsilon > 0$ 都有 $M_\Phi^{\varepsilon,L} \in L^p(\mathbb{R}^n)$. 类似于上面的证明, 我们可以得到

$$\left\| \sup_{\Psi \in \mathscr{S}_{\mathscr{F}}} M_\Psi^{\varepsilon,L}(f) \right\|_{L^p} \leqslant C_L \|M_\Phi^{\varepsilon,L}(f)\|_{L^p}, \tag{4.8}$$

其中 C_L 不依赖于 ε. 事实上, 在式 (4.4) 中, 用

$$\frac{t^L(\varepsilon + 2^{-k}t + \varepsilon|x-y|)^L}{(\varepsilon + t_\varepsilon|x|)^{-L}(2^{-k}t)^{-L}} \left(1 + \frac{2^k|y|}{t}\right)^\lambda$$

代替

$$\left(1 + \frac{2^k|y|}{t}\right)^\lambda,$$

并注意到

$$\frac{t^L(\varepsilon + 2^{-k}t + \varepsilon|x-y|)^L}{(\varepsilon + t_\varepsilon|x|)^{-L}(2^{-k}t)^{-L}}\left(1 + \frac{2^k|y|}{t}\right)^\lambda \leqslant C \cdot 2^{kL}\left(1 + \frac{|y|}{t}\right)^L\left(1 + \frac{2^k|y|}{t}\right)^\lambda,$$

从而可得式 (4.8). 故可有

$$\|M_\Phi^{\varepsilon,L}(f)\|_{L^p} \leqslant C_L\|M_\Phi(f)\|_{L^p}.$$

令 $\varepsilon \to 0$ 可得

$$\|M_\Phi^*(f)\|_{L^p} \leqslant C_L\|M_\Phi(f)\|_{L^p}.$$

从而当 $M_\Phi f \in L^p(\mathbb{R}^n)$ 时, $M_\Phi^* f \in L^p(\mathbb{R}^n)$.

(2) $\Rightarrow$ (3). 设 $\Phi \in \mathscr{S}(\mathbb{R}^n)$, 则 $M_\Phi^* f \in L^p(\mathbb{R}^n)$. 注意到

$$\begin{aligned}
|f * \Phi_t(x)|^p &\leqslant \min_{|x-y|\leqslant t}(M_\Phi^* f(y))^p \\
&\leqslant \frac{c}{t^n}\int_{|x-y|\leqslant t}(M_\Phi^* f(y))^p \mathrm{d}y \\
&\leqslant ct^{-n}\|M_\Phi^* f\|_{L^p},
\end{aligned}$$

所以 $f * \Phi = f * \Phi_1$ 是有界的. 因为上述不等式对所有 $\Phi \in \mathscr{S}(\mathbb{R}^n)$ 都成立, 所以 f 是一个有界分布.

下面我们来证明对于 Poisson 核 P 有

$$P(x) = c_n(1 + |x|^2)^{-(n+1)/2} = \sum_{k=0}^\infty 2^{-k}\Phi_{2^k}^{(k)}(x), \tag{4.9}$$

这里 $\{\Phi^{(k)}\}$ 是 $\mathscr{S}(\mathbb{R}^n)$ 中的有界集. 因为 $M^*_{\Phi^{(k)}} \leqslant cM_N$ 且 c 与 k 无关, 又因为 $a \geqslant 1$ 时有 $M^*_{\Phi_a}(f)(x) \leqslant M^*_{\Phi}(f)(x)$, 所以 $u^* \in L^p(\mathbb{R}^n)$. 固定 $\phi \in C_0^\infty$, 使 $|x| \leqslant 1/2$ 时有 $\phi(x) = 1$ 且 $|x| \geqslant 1$ 时有 $\phi(x) = 0$, 记

$$P(x) = \phi(x)P(x) + \sum_{k=0}^{\infty}[\phi(2^{-k-1}x) - \phi(2^{-k}x)]P(x).$$

取 $\Phi^{(0)}(x) = \phi(x)P(x)$ 和

$$\Phi^{(k)}(x) = c_n[\phi(x/2) - \phi(x)](2^{-2k} + |x|^2)^{-(n+1)/2}, \quad k \geqslant 1,$$

则式 (4.9) 得证. 因为 $\phi(x/2) - \phi(x)$ 的紧支集包含于 $\{x : 1/2 \leqslant |x| \leqslant 2\}$, 所以 $\{\Phi^{(k)}\}$ 是一个有界族, 从而 (2) $\Rightarrow$ (3) 成立.

(3) $\Rightarrow$ (1). 令

$$\eta(s) = \frac{1}{\pi s}\mathrm{Im}\{\mathrm{e}^{1-w(s-1)^{1/4}}\},$$

其中 $w = \mathrm{e}^{-\mathrm{i}\pi/4}$, 则 η 为定义在 $(1, \infty)$ 上的函数, 它在无穷远处速降且满足

$$\int_1^\infty \eta(s)\mathrm{d}s = 1, \quad \int_1^\infty s^k\eta(s)\mathrm{d}s = 0, \quad k = 1, 2, \cdots \tag{4.10}$$

记

$$\Phi(x) = \int_1^\infty \eta(s)P_s(x)\mathrm{d}s, \tag{4.11}$$

其中 $P_s(x)$ 表示 Poisson 核. 因为

$$(1 + t^2)^{-(n+1)/2} = \sum_{k<R} a_k t^k + o(t^R), \quad 0 \leqslant t < \infty,$$

所以,

$$P_s(x) = \frac{c_n s}{(s^2 + |x|^2)^{(n+1)/2}}$$

$$= \sum_{k<R} c_n a_k s |x|^{1-n} \left(\frac{s}{|x|}\right)^k + o(s^{R+1}|x|^{-n-1-R}).$$

将上式代入式 (4.11) 中可知 Φ 是速降的, 类似可证 Φ 的导数也是速降的, 从而 $\Phi \in \mathscr{S}(\mathbb{R}^n)$. 因为

$$\int_{\mathbb{R}^n} \Phi(x)\mathrm{d}x = \int_1^\infty \eta(s)\mathrm{d}s = 1,$$

且

$$M_\Phi f(x) \leqslant \sup_{0<s<\infty} |u(x,s)| \int_1^\infty |\eta(s)|\mathrm{d}x,$$

其中 $u(x,s) = (f * P_t)(x)$, 所以 $u^* \in L^p(\mathbb{R}^n)$. 定理得证. □

3. 哈代空间的原子分解刻画

下面我们将给出哈代空间的原子分解刻画, 在介绍之前, 我们需要下面关于调和函数的性质.

引理 4.1.3 令

$$\Gamma_\beta^k = \{(y,t) \in \mathbb{R}_+^{n+1} : |y| < \beta t, \ 0 < t < k\}.$$

若 u 在 Γ_β^k 上为调和函数且满足 $|u| \leqslant 1$, 则当 $\alpha < \beta, h < k$ 时, $t|\nabla u| \leqslant C$, 其中 C 只依赖于 α, β, h, k, n.

为了证明哈代空间的原子分解刻画, 我们需要下面的引理.

引理 4.1.4 设 $0 < p < \infty$, 则 $H^p(\mathbb{R}^n) \cap L^1_{\mathrm{loc}}(\mathbb{R}^n)$ 在 $H^p(\mathbb{R}^n)$ 中稠密.

下面给出原子的定义.

定义 4.1.5 假设 B 为 $\mathbb{R}^n$ 中的球, 定义在 $\mathbb{R}^n$ 上的一个复值函数 $a(x)$ 若满足如下条件:

(1) $a(x)$ 的紧支集包含于 B;

(2) $|a(x)| \leqslant |B|^{-1/p}$ a.e. $x \in \mathbb{R}^n$;

(3) 对任意满足 $|\beta| \leqslant n(p^{-1} - 1)$ 的 β 都有 $\int x^\beta a(x) \mathrm{d}x = 0$,

则称其为原子.

现在证明哈代空间的原子分解.

定理 4.1.3 设 $0 < p \leqslant 1$, 则 $f \in H^p(\mathbb{R}^n)$ 当且仅当 f 可以表示成如下原子的组合:

$$f = \sum_k \lambda_k a_k,$$

其中收敛是在 H^p 意义下的. 进一步, 我们有

$$\sum_k |\lambda_k|^p \leqslant c\|f\|_{H^p}^p.$$

证明 我们首先证明存在常数 $c > 0$ 使得对于任意的原子 $a(x)$ 都有

$$\int_{\mathbb{R}^n} (M_0 a(x))^p \mathrm{d}x \leqslant c. \tag{4.12}$$

令 B^* 表示球心与 B 相同, 半径为其两倍的球, 则由原子的定义可知, 当 $x \in B^*$ 时有 $M_0 a(x) \leqslant c|B|^{-1/p}$. 当 $x \notin B^*$ 时, 利用原子的消失条件可得

$$(a * \Phi_t)(x) = \int a(y)\Phi_t(x - y)\mathrm{d}y = \int a(y)[\Phi_t(x - y) - q_{x,t}(y)]\mathrm{d}y,$$

其中 $q_{x,t}(y)$ 是函数 $y \to \Phi_t(x-y)$ 在球心 $\bar{x}$ 处的 d 阶泰勒展开, $d = \left[n\left(\dfrac{1}{p} - 1\right)\right]$. 利用泰勒余项的估计可得

$$|\Phi_t(x - y) - q_{x,t}(y)| \leqslant c\frac{|y - \bar{x}|^{d+1}}{t^{n+d+1}}.$$

因为 $y \in B$, $x \notin B^*$, 且当 $|z| \geqslant 1$ 时有 $\Phi(z) = 0$, 所以 $t \geqslant c|x - \bar{x}|$. 由 $(n + d + 1)p > n$ 可知,

$$M_0 a(x) \leqslant c|B|^{-1/p}\left(\frac{r}{|x - \bar{x}|}\right)^{n+d+1}, \quad x \notin B^*,$$

其中 r 为球的半径, 从而完成了式 (4.12) 的证明.

下面我们来证明若 $\{a_k\}$ 是 $H^p(\mathbb{R}^n)$ 中的一族原子, $\{\lambda_k\}$ 是一列复数且满足 $\sum |\lambda_k|^p < \infty$, 则级数

$$f = \sum_k \lambda_k a_k \tag{4.13}$$

在分布意义下收敛且其和属于 $H^p(\mathbb{R}^n)$, 进一步, 有

$$\|f\|_{H^p}^p \leqslant c \left(\sum_k |\lambda_k|^p \right)^{1/p}.$$

事实上, 若级数 (4.13) 是有限的, 则

$$M_0(f) = M_0 \left(\sum_k \lambda_k a_k \right) \leqslant \sum_k |\lambda_k| M_0(a_k).$$

因为 $p \leqslant 1$, 所以

$$\left(\sum_k |\lambda_k| M_0(a_k) \right)^p \leqslant \sum_k |\lambda_k|^p M_0(a_k)^p.$$

上式两边取积分可得

$$\int [(M_0 f)(x)]^p \mathrm{d}x \leqslant \sum_k |\lambda_k|^p \int [(M_0 a_k)(x)]^p \mathrm{d}x \leqslant c \sum_k |\lambda_k|^p,$$

从而在分布意义下, 级数 (4.13) 是收敛的.

反之, 我们给出 $p = 1$ 的证明, $0 < p < 1$ 的情况类似可证.

首先假设 $f \in L^2 \cap L^1$ 并记 $u(y, t)$ 为 f 的 Poisson 积分. 取径向的紧支集光滑函数 Φ 满足紧支集包含于单位球, 积分为零且

$$\int_0^\infty \hat{\Phi}(s) \mathrm{e}^{-s} \mathrm{d}s = -1.$$

我们可以有下面的 Calderón 表示定理:

$$f = \int_0^\infty f * t \frac{\partial P_t}{\partial t} * \Phi_t \frac{\mathrm{d}t}{t}. \tag{4.14}$$

事实上, 对式 (4.14) 右边取傅里叶变换可得

$$-\int_0^\infty t|\xi| \mathrm{e}^{-t|\xi|} \hat{\Phi}(t\xi) \hat{f}(\xi) \frac{\mathrm{d}t}{t} = -\int_0^\infty \hat{\Phi} u \mathrm{e}^{-u} \mathrm{d}u \hat{f}(\xi) = \hat{f}(\xi).$$

记 $u(x,t) = P_t * f(x)$, 对于 $k \in \mathbb{Z}$, 令

$$E_k = \{x \in \mathbb{R}^n : u_\alpha^*(x) > 2^k\} = \bigcup_j Q_j^k,$$

其中

$$u_\alpha^*(x) = \sup_{t>0} \sup_{|x-y| \leqslant \alpha t} (f * P_t)(y),$$

$\{Q_j^k\}$ 是 E_k 的 Whitney 分解. 定义方体 Q 的帐篷 $\hat{Q}$ 为

$$\hat{Q} = \{(y,t) \in \mathbb{R}_+^{n+1} : y \in Q,\ 0 < t < l(Q)\},$$

这里 $l(Q)$ 表示方体 Q 的边长. 记

$$\hat{E}_k = \bigcup_j \hat{Q}_j^k,\ T_j^k = \hat{Q}_j^k \setminus \hat{E}_{k+1},$$

则 $\bigcup_k E_k = \mathbb{R}^n$.

下面我们证明当 α 充分大时, $\{(x,t) : |u(x,t)| > 2^k\} \subset \hat{E}_k$. 事实上, 若 $|u(x,t)| > 2^k$, 则对于满足 $|y-x| < \alpha t$ 的所有 y, 都有 $u^*(y) > 2^k$, 从而存在 j 使得 $x \in Q_j^k$. 由 Whitney 分解可知, 存在只依赖于维数的常数 C 使得 $CQ_j^k \cap E_k^c \neq \phi$, 从而 $l(Q_j^k)$ 比 t 大. 特别地, 取 α 充分大可以使得 $l(Q_j^k) > t$, 即

$(x,t) \in Q_j^k$, 从而当 α 充分大时, 有 $\{(x,t) : |u(x,t)| > 2^k\} \subset \hat{E}_k$, 进而有 $\underset{k,j}{\cup} T_j^k$ 是集合 $\{x : u(x) \neq 0\}$ 的不交并,

$$
\begin{aligned}
f(x) &= \iint_{\mathbb{R}_+^{n+1}} \frac{\partial u(y,t)}{\partial t} \Phi_t(x-y) \mathrm{d}y\mathrm{d}t \\
&= \sum_{k,j} \iint_{T_j^k} \frac{\partial u(y,t)}{\partial t} \Phi_t(x-y) \mathrm{d}y\mathrm{d}t \\
&= \sum_{k,j} g_j^k \\
&= \sum_{k,j} \lambda_j^k a_j^k,
\end{aligned}
$$

其中

$$
\lambda_j^k = C \cdot 2^k |Q_j^k|, \tag{4.15}
$$
$$
a_j^k = (\lambda_j^k)^{-1} \iint_{T_j^k} \frac{\partial u(y,t)}{\partial t} \Phi_t(x-y) \mathrm{d}y\mathrm{d}t.
$$

故

$$
\sum_{j,k} |\lambda_j^k| = C \sum_{j,k} 2^k |Q_j^k| = C \sum_k 2^k |E_k| \leqslant C \int_{\mathbb{R}^n} u_\alpha^*(x) \mathrm{d}x.
$$

下面我们只需证明 a_j^k 是原子即可. 由 Φ 的紧支集包含于单位球可知, $\operatorname{supp} a_j^k \subset C Q_j^k$. 再由 Φ 的积分为零可知, a_j^k 满足消失矩条件. 下面证明当 λ_j^k 中的常数 C 充分大时, 有

$$
\|a_j^k\|_2 \leqslant |Q_j^k|^{-\frac{1}{2}},
$$

即

$$
\|g_j^k\|_2 \leqslant C \cdot 2^K |Q_j^k|^{\frac{1}{2}}.
$$

对任意 $h \in L^2, \|h\|_2 \leqslant 1$, 有

$$
\left| \int_{\mathbb{R}^n} g_j^k(x) h(x) \mathrm{d}x \right| = \left| \iint_{T_j^k} \frac{\partial u(y,t)}{\partial t} \Phi_t * h(y) \mathrm{d}y\mathrm{d}t \right|
$$

$$\leqslant \left(\int_{T_j^k} t|\nabla u|^2 \mathrm{d}y\mathrm{d}t\right)^{\frac{1}{2}} \left(\int_{\mathbb{R}_+^{n+1}} |\Phi_t * h(y)|^2 \frac{\mathrm{d}y\mathrm{d}t}{t}\right)^{\frac{1}{2}}.$$

由 Plancherel 定理可得

$$\int_{\mathbb{R}_+^{n+1}} |\Phi_t * h(y)|^2 \frac{\mathrm{d}y\mathrm{d}t}{t} \leqslant C\|h\|_2^2 \leqslant C.$$

由 Green 公式可知,

$$\int_{T_j^k} t|\nabla u|^2 \mathrm{d}y\mathrm{d}t = \int_{\partial T_j^k} \left(tu|\nabla u| + \frac{1}{2}|u|^2 \frac{\partial t}{\partial n}\right) \mathrm{d}\sigma,$$

其中 ∂T_j^k 表示 T_j^k 的边界, $\dfrac{\partial t}{\partial n}$ 表示外法线导数. 因为 ∂T_j^k 位于 $\hat{E}_{k+1}^c$ 内, 所以在 ∂T_j^k 上有 $|u| \leqslant C \cdot 2^k$. 注意, ∂T_j^k 的面测度 $\leqslant C|Q_j^k|$ 且 $\left|\dfrac{\partial t}{\partial n}\right| \leqslant 1$, 我们可以得到

$$\int_{\partial T_j^k} \frac{1}{2}|u|^2 \frac{\partial t}{\partial n} \mathrm{d}\sigma \leqslant C \cdot 2^{2k}|Q_j^k|.$$

下面我们只需证明

$$\int_{\partial T_j^k} tu|\nabla u|\mathrm{d}\sigma \leqslant C \cdot 2^{2k}|Q_j^k|. \tag{4.16}$$

为此, 我们需要证明的是, 对于足够大的 α, 当 $0 < \alpha' < \alpha$ 时, 对于任意 $(x,t) \in \partial T_j^k$ 都存在 $z \in \mathbb{R}^n \setminus E^{k+1}$ 使得 $(x,t) \in \Gamma_{\alpha'}(z)$. 若上述结论成立, 则由引理 4.1.3 可知, 在 ∂T_j^k 上有 $t|\nabla u| \leqslant C \cdot 2^k$, 从而式 (4.16) 成立. 对于 $(x,t) \in \partial T_j^k$, 如果 $x \in E_k \setminus E_{k+1}$, 我们取 $z = x$ 即可证明 $(x,t) \in \Gamma_{\alpha'}(z)$. 如果 $x \in Q_i^{k+1}$, 则有 $t > \dfrac{1}{5}l(Q_i^{k+1})$. 事实上, 如果 $t \leqslant \dfrac{1}{5}l(Q_i^{k+1})$, 则有 $x \in \partial Q_i^{k+1}$, 从而存在 Q_l^{k+1} 满足 $l(Q_l^{k+1}) \geqslant \dfrac{1}{5}l(Q_i^{k+1})$ 和 $x \in \partial Q_i^{k+1}$. 故由 T_j^k 的构造知 $(x,t) \notin \partial T_j^k$, 与条件矛盾, 从而有 $t > \dfrac{1}{5}l(Q_i^{k+1})$. 根据 Whitney 分解可知, 存在 $z \in E_{k+1}^c$ 使得 $(x,t) \in \Gamma_{\alpha'}(z)$, 其中 α' 充分大.

对于一般的 f, 存在 $\{f_m\} \subset L^2 \cap L^1$ 使得

$$f = \sum_m f_m$$

且

$$\sum_m \|u^*(f_m)\|_1 \leqslant C\|u^*(f)\|_1.$$

由前面的证明可知: 对于每个 f_m, 都有分解式

$$f_m = \sum_j \lambda_j^m a_j^m,$$

从而

$$f = \sum_m \sum_j \lambda_j^m a_j^m$$

为函数 f 的原子分解且

$$\sum_m \sum_j |\lambda_j^m| \leqslant C \sum_m \|u^*(f_m)\|_1 \leqslant C\|u^*(f)\|_1. \qquad \square$$

4. 哈代空间的奇异积分算子刻画

下面介绍哈代空间的奇异积分算子刻画.

命题 4.1.1 设 T 是 L^2 上的一个有界算子, K 为 $\mathbb{R}^n \times \mathbb{R}^n \setminus \Delta$ 上的一个函数, 且对于具有紧支集的 $f \in L^2(\mathbb{R}^n)$, 有

$$Tf(x) = \int_{\mathbb{R}^n} K(x,y)f(y)\mathrm{d}y, \quad x \notin \mathrm{supp}(f).$$

若 K 满足

$$\int_{|x-y|>2|y-z|} |K(x,y) - K(x,z)|\mathrm{d}x \leqslant C,$$

则存在常数 $C > 0$ 使得对于每一个原子都有

$$\|Ta(x)\|_1 \leqslant C.$$

证明 因为 $a(x) \in L^2(\mathbb{R}^n)$, 所以 $Ta(x)$ 是良定义的. 设 $\operatorname{supp} a \subset B(x_0, r)$, 令 B^* 表示与 B 具有相同球心且边长为其 2 倍的方体, 则由 T 在 $L^2(\mathbb{R}^n)$ 上有界可知,

$$
\begin{aligned}
\int_{B^*} |Ta(x)| \mathrm{d}x &\leqslant |B^*|^{\frac{1}{2}} \left(\int_{B^*} |Ta(x)|^2 \mathrm{d}x \right)^{\frac{1}{2}} \\
&\leqslant C |B|^{\frac{1}{2}} \left(\int_B |a(x)|^2 \mathrm{d}x \right)^{\frac{1}{2}} \\
&\leqslant C.
\end{aligned}
$$

又因为 $a(x)$ 在 B 上的积分为零, 所以

$$
\begin{aligned}
\int_{\mathbb{R}^n \setminus B^*} |Ta(x)| \mathrm{d}x &= \int_{\mathbb{R}^n \setminus B^*} \left| \int_B K(x, y) a(y) \mathrm{d}y \right| \mathrm{d}x \\
&= \int_{\mathbb{R}^n \setminus B^*} \left| \int_B [K(x, y) - K(x, x_0)] a(y) \mathrm{d}y \right| \mathrm{d}x \\
&\leqslant \int_B \int_{\mathbb{R}^n \setminus B^*} |K(x, y) - K(x, x_0)| \, \mathrm{d}x |a(y)| \mathrm{d}y \\
&\leqslant C. \qquad \qquad \qquad \qquad \qquad \qquad \square
\end{aligned}
$$

由命题 4.1.1 可知, 奇异积分算子是从 $H^1(\mathbb{R}^n)$ 到 $L^1(\mathbb{R}^n)$ 有界的, 从而我们有下面的推论.

推论 4.1.1 设 T 为命题 4.1.1 中的算子, 则存在常数 $C > 0$ 使得对于任意的 $f \in H^1(\mathbb{R}^n)$ 都有

$$
\|Tf\|_1 \leqslant C \|f\|_{H^1}.
$$

我们可以证明哈代空间 $H^1(\mathbb{R}^n)$ 是使得推论 4.1.1 成立的最大空间, 事实上, 我们可以利用 Riesz 变换来刻画哈代空间. 为了得到此结论, 我们需要一些关于调和函数系的知识.

定义 4.1.6 设 $F = (u_0, \cdots, u_n)$ 是定义在 $\mathbb{R}_+^{n+1}$ 上的向量值函数. 若 F 满足下面广义的 Cauchy-Riemann 方程:

$$\sum_{j=0}^n \frac{\partial u_j}{\partial x_j} = 0, \frac{\partial u_i}{\partial x_j} = \frac{\partial u_j}{\partial x_i},$$

则称 F 是 Stein-Weiss 意义下解析的. 我们称 F 是一个共轭调和函数系.

关于共轭调和函数系, 我们有下面的结论.

命题 4.1.2 设 F 是一个共轭调和函数系, $p \geqslant \dfrac{n-1}{n}$, 则

$$|F|^p = \left(\sum_{j=0}^n |u_j|^2 \right)^{\frac{p}{2}}$$

是 $\mathbb{R}_+^{n+1}$ 上的下调和函数, 即对于任意 $x_0 \in \mathbb{R}^n$ 和球 $B(x_0, r)$, 都有

$$|F(x_0)|^p \leqslant \frac{1}{\omega_{n-1}} \int_{S^{n-1}} |F(x_0 + ry')|^p \mathrm{d}\sigma(y').$$

关于下调和函数, 我们有下面的命题.

命题 4.1.3 设 $v(x, t) \geqslant 0$ 是 $\mathbb{R}_+^{n+1}$ 上的下调和函数且满足

$$\sup_{t>0} \int_{\mathbb{R}^n} |v(x, t)|^q \mathrm{d}x = C^q < \infty, \quad 1 \leqslant q < \infty,$$

则存在 $v(x, t)$ 的极小调和控制 $u(x, t)$, 即

$$v(x, t) \leqslant u(x, t), \quad (x, t) \in \mathbb{R}_+^{n+1},$$

且若 $\tilde{u}(x, t)$ 也是 $v(x, t)$ 的调和控制, 则 $u(x, t) \leqslant \tilde{u}(x, t)$.

现在证明哈代空间的 Riesz 变换刻画.

定理 4.1.4 令 $R_1, R_2, \cdots, R_n$ 表示 $\mathbb{R}^n$ 上的 Riesz 变换, 定义空间 $\mathscr{H}^1(\mathbb{R}^n)$ 为

$$\mathscr{H}^1(\mathbb{R}^n) = \{ f \in L^1(\mathbb{R}^n) : R_j f \in L^1(\mathbb{R}^n), 1 \leqslant j \leqslant n \},$$

且该空间上的范数为

$$\|f\|_{\mathscr{H}^1} = \|f\|_1 + \sum_{j=1}^{n} \|R_j f\|_1,$$

则 $H^1(\mathbb{R}^n) = \mathscr{H}^1(\mathbb{R}^n)$, 且它们的范数等价.

证明　由推论 4.1.1 可知, Riesz 变换是从 $H^1(\mathbb{R}^n)$ 到 $L^1(\mathbb{R}^n)$ 有界的, 故 $H^1(\mathbb{R}^n) \subset \mathscr{H}^1(\mathbb{R}^n)$. 下面我们证明 $\mathscr{H}^1(\mathbb{R}^n) \subset H^1(\mathbb{R}^n)$. 设 $f \in \mathscr{H}^1(\mathbb{R}^n)$ 并记

$$u_0(x,t) = P_t * f(x), \quad u_j(x,t) = P_t * R_j(f)(x).$$

当 $n \geqslant 1$ 时, 取 $q = \dfrac{n}{n-1}$; 当 $n = 1$ 时, 取 $q > 1$. 由命题 4.1.2 可知, $|F(x,t)|^{\frac{n-1}{n}}$ 是 $\mathbb{R}^{n+1}_+$ 上的下调和函数且满足

$$\sup_{t>0} \int_{\mathbb{R}^n} \left(|F(x,t)|^{\frac{n-1}{n}} \right)^q \mathrm{d}x = \sup_{t>0} \int_{\mathbb{R}^n} |F(x,t)| \mathrm{d}x < \infty.$$

利用命题 4.1.3 可知, 存在某个函数 $g \in L^q(\mathbb{R}^n)$ 使得其 Poisson 积分 $U(x,t)$ 控制 $|F(x,t)|^{\frac{n-1}{n}}$, 即

$$|F(x,t)|^{\frac{n-1}{n}} \leqslant U(x,t), \ U(x,t) = P_t * g(x), \quad g \in L^q(\mathbb{R}^n), q > 1.$$

因为

$$u^*(g)(x) = \sup_{|x-y|<t} |P_t * g(y)| \leqslant Cg(x) \in L^q(\mathbb{R}^n),$$

所以

$$u^*(g)^{\frac{n-1}{n}} \in L^1(\mathbb{R}^n).$$

利用

$$|u_0(x,t)| = |P_t * f(x)| \leqslant |F(x,t)|$$

可知

$$u^*(f)(x) \leqslant u^*(g)(x)^{\frac{n-1}{n}} \in L^1(\mathbb{R}^n),$$

从而 $f \in H^1(\mathbb{R}^n)$. 这就完成了定理的证明. □

5. 哈代空间的面积积分刻画

我们将给出哈代空间的面积积分刻画, 为了给出面积积分的定义, 我们首先回忆一下锥的定义. 设 $\alpha > 0$, 记 $\Gamma_\alpha(x)$ 为 $\mathbb{R}_+^{n+1}$ 中以 $x \in \mathbb{R}^n$ 为顶点, α 为宽度的锥, 其定义如下:

$$\Gamma_\alpha(x) = \{(y,t) : |x-y| < \alpha t, \ y \in \mathbb{R}^n, \ t \in \mathbb{R}_+\}, \quad x \in \mathbb{R}^n.$$

现在我们给出面积积分的定义.

定义 4.1.7 设 $\psi \in C^1(\mathbb{R}^n)$ 为径向函数, 满足 $\displaystyle\int_{\mathbb{R}^n} \psi(x)\mathrm{d}x = 0$ 和

$$|\psi(x)| + |\nabla\psi(x)| \leqslant C(1+|x|)^{-n-1-\varepsilon}, \quad x \in \mathbb{R}^n, \ \varepsilon > 0,$$

面积积分定义为

$$S_\alpha(f)(x) = \left(\int_{\Gamma_\alpha(x)} |\psi_t * f(y)|^2 \frac{\mathrm{d}y\mathrm{d}t}{t^{n+1}}\right)^{\frac{1}{2}}, \quad f \in \bigcup_p L^p.$$

注 4.1.2 以上结论与 α 的选取无关, 当 $\alpha = 1$ 时, 记 $\Gamma_1(x) = \Gamma(x)$, $S_1(f) = S(f)$.

关于面积积分, 我们有下面的引理.

引理 4.1.5 对于 $f \in L^2(\mathbb{R}^n)$, 我们有

$$\|S(f)\|_{L^2} = C\|f\|_{L^2}.$$

证明 先证恒等式

$$c\int_{\mathbb{R}^n} f(x)\bar{g}(x)\mathrm{d}x = \int_{\mathbb{R}^{n+1}_+} (\psi_t * f(x))(\psi_t * \bar{g}(x))\frac{\mathrm{d}x\mathrm{d}t}{t}, \quad f,g \in L^2(\mathbb{R}^n). \quad (4.17)$$

因为 $\nabla\psi \in L^1(\mathbb{R}^n)$, 所以当 $|\xi| \to 0$ 时, 有 $\hat{\psi}(\xi) = o\left(\frac{1}{|\xi|}\right)$. 又因为 $x\psi(x) \in L^1(\mathbb{R}^n)$, 所以 $\hat{\psi}$ 可微, 特别地, 当 $|\xi| \to 0$ 时, 有 $\hat{\psi}(\xi) = o(|\xi|)$. 从而

$$\int_0^\infty \frac{|\hat{\psi}|^2}{t}\mathrm{d}t = c.$$

故

$$\int_{\mathbb{R}^{n+1}_+} (\psi_t * f(x))(\psi_t * \bar{g}(x))\frac{\mathrm{d}x\mathrm{d}t}{t}$$
$$= \lim_{\varepsilon \to 0} \int_\varepsilon^\infty \int_{\mathbb{R}^n} (\psi_t * f(x))(\psi_t * \bar{g}(x))\frac{\mathrm{d}x\mathrm{d}t}{t}$$
$$= \lim_{\varepsilon \to 0} \int_\varepsilon^\infty \int_{\mathbb{R}^n} (\hat{\psi}(t\xi))^2 \hat{f}(\xi)\bar{\hat{g}}(\xi)\mathrm{d}\xi\frac{\mathrm{d}t}{t}$$
$$= \int_{\mathbb{R}^n} \hat{f}(\xi)\bar{\hat{g}}(\xi) \lim_{\varepsilon \to 0} \int_{|\xi|\varepsilon}^\infty |\hat{\psi}(t)|^2\frac{\mathrm{d}t}{t}\mathrm{d}\xi$$
$$= c\int_{\mathbb{R}^n} \hat{f}(\xi)\bar{\hat{g}}(\xi)\mathrm{d}\xi.$$

由于

$$\int_{\mathbb{R}^n} S^2(f)\mathrm{d}x = \int_{\mathbb{R}^n} \int_{\mathbb{R}^n} \int_0^\infty \chi_{\{|x-y|<t\}}|\psi_t * f(y)|^2 \frac{\mathrm{d}y\mathrm{d}t\mathrm{d}x}{t^{n+1}}$$
$$= C\int_{\mathbb{R}^n} \int_0^\infty |\psi_t * f(y)|^2\frac{\mathrm{d}y\mathrm{d}t}{t},$$

所以由式 (4.17) 可得

$$\|S(f)\|_{L^2}^2 = C\|f\|_{L^2}^2.$$

故引理得证. $\qquad\square$

我们下面证明面积积分算子为标准的 Calderón-Zygmund 奇异积分算子.

定理 4.1.5 面积积分算子 S 是弱 $(1,1)$ 有界和强 (p,p) 有界的, 其中 $1 < p < \infty$.

事实上, 我们可以利用面积积分算子来刻画哈代空间. 为了得到该结论, 我们需要建立 Calderón 表示定理.

定义 4.1.8 设 $f \in \mathscr{S}'(\mathbb{R}^n)$, 如果对于任意的 $\phi \in \mathscr{S}(\mathbb{R}^n)$, 当 $t \to 0$ 时, 都有 $f * \psi$ 在 $\mathscr{S}'(\mathbb{R}^n)$ 中收敛到 0, 我们称 f 在无穷远处弱为 0.

注 4.1.3 若 $f \in L^p(\mathbb{R}^n)$, $1 \leqslant p < \infty$, 则 f 在无穷远处弱为 0. 事实上,

$$\|f * \psi_t\|_{L^\infty} \leqslant \|f\|_{L^p} \|\psi_t\|_{L^{p'}} = t^{-\frac{n}{p}} \|f\|_{L^p} \|\psi\|_{L^{p'}} \to 0,$$

从而 f 在 $\mathscr{S}'(\mathbb{R}^n)$ 中收敛到 0.

下面给出 Calderón 表示定理.

定理 4.1.6 设 $\psi \in \mathscr{S}(\mathbb{R}^n)$ 是径向实值函数且满足

$$\int_{\mathbb{R}^n} \psi(x)\mathrm{d}x = 0, \int_0^\infty |\hat{\psi}(\xi t)|^2 \frac{\mathrm{d}t}{t} = 1,$$

则对于任意满足无穷远处弱为 0 的 $f \in \mathscr{S}'(\mathbb{R}^n)$, 都有

$$f = \int_0^\infty f * \psi_t * \psi_t \frac{\mathrm{d}t}{t}$$

在分布意义下成立, 即在分布意义下,

$$\int_\varepsilon^A f * \psi_t * \psi_t \frac{\mathrm{d}t}{t} \to f, \quad \varepsilon \to 0, A \to \infty.$$

证明 记

$$\alpha(x) = \int_0^1 \psi_t * \psi_t \frac{\mathrm{d}t}{t}, \beta(t) = \int_1^\infty \psi_t * \psi_t \frac{\mathrm{d}t}{t},$$

则 $\hat{\alpha}$ 在 $\xi = 0$ 处无穷次可微可以由下式得到

$$\hat{\alpha}(\xi) = \int_0^1 \hat{\psi}(\xi t)\hat{\psi}(\xi t)\frac{\mathrm{d}t}{t}.$$

下面我们证明 $\beta \in \mathscr{S}(\mathbb{R}^n)$, 为此, 我们只需证明 $\hat{\beta} \in \mathscr{S}(\mathbb{R}^n)$. 在 $\xi = 0$ 的任意邻域外, $\hat{\beta}$ 都是无穷次可微的, 且

$$\hat{\beta}(\xi) = \int_1^\infty \hat{\psi}(\xi t)\hat{\psi}(\xi t)\frac{\mathrm{d}t}{t},$$

所以 $\hat{\beta}$ 及其各阶导数在无穷远处速降. 又因为 $\hat{\beta}(\xi) = 1 - \hat{\alpha}(\xi)$, 所以 $\hat{\beta}$ 在 $\xi = 0$ 处也是无穷次可微的. 故 $\hat{\beta} \in \mathscr{S}(\mathbb{R}^n)$, 从而 $\beta \in \mathscr{S}(\mathbb{R}^n)$. 由

$$\beta_s(x) = s^n\beta\left(\frac{x}{s}\right) = \int_1^\infty \psi_{st} * \psi_{st}(x)\frac{\mathrm{d}t}{t} = \int_s^\infty \psi_t * \psi_t\frac{\mathrm{d}t}{t}$$

可得,

$$\int_\varepsilon^A \psi_t * \psi_t\frac{\mathrm{d}t}{t} = \beta_\varepsilon - \beta_A,$$

$$\int_\varepsilon^A f * \psi_t * \psi_t\frac{\mathrm{d}t}{t} = f * \beta_\varepsilon - f * \beta_A. \tag{4.18}$$

式 (4.18) 中的 $f * \beta_A$ 在分布意义下收敛到 0. 因为 $\beta \in \mathscr{S}(\mathbb{R}^n)$ 且 $\hat{\beta}(0) = 1 - \hat{\alpha}(0) = 1$, 所以 $\{\beta_\varepsilon\}$ 为分布中的恒等逼近, 即 $\beta_\varepsilon * f$ 在分布意义下收敛到 f, 从而对于任意 $\psi \in \mathscr{S}(\mathbb{R}^n)$, 有

$$\langle \beta_\varepsilon * f, \psi\rangle = \langle f, \tilde{\beta}_\varepsilon * \psi\rangle,$$

这里 $\tilde{\beta}$ 表示反射. 又因为在 $\mathscr{S}(\mathbb{R}^n)$ 中有 $\tilde{\beta}_\varepsilon * \psi \to \psi$, 所以在分布意义下 $\tilde{\beta}_\varepsilon * f \to f$, 从而完成了定理的证明. □

现在我们证明哈代空间的面积积分刻画.

定理 4.1.7　函数 f 属于哈代空间 $H^1(\mathbb{R}^n)$ 当且仅当 $f \in L^1(\mathbb{R}^n)$ 且 $S(f) \in L^1(\mathbb{R}^n)$.

证明　必要性的证明比较简单, 留给读者自证. 我们只证明面积积分作用在原子上一致有界. 类似于证明奇异积分算子在哈代空间上有界, 我们针对面积积分作用在原子上一致有界给出简单的说明.

设 a 是一个紧支集包含于方体 I 的 $(1, 2)$ 原子, 记 I^* 是中心与 I 相同, 边长为其两倍的方体, 记它们的中心为 x_0, 边长为 δ, 则有

$$\int_{I^*} S(a)(x)\mathrm{d}x \leqslant |I^*|^{\frac{1}{2}} \left(\int_{I^*} |S(a)(x)|^2 \mathrm{d}x \right)^{\frac{1}{2}} \leqslant C|I|^{\frac{1}{2}} \left(\int_I |a(x)|^2 \mathrm{d}x \right)^{\frac{1}{2}} \leqslant C$$

和

$$\int_{(I^*)^c} S(a)(x)\mathrm{d}x$$

$$\leqslant C \int_{(I^*)^c} \|a\|_1 \left(\int_0^\infty \sup_{y \in \Gamma(x), z \in I} \left| \frac{1}{t^n} \left[\psi\left(\frac{y-z}{t} \right) - \psi\left(\frac{y-x_0}{t} \right) \right] \right|^2 \frac{\mathrm{d}t}{t} \right)^{\frac{1}{2}} \mathrm{d}x$$

$$\leqslant C \int_{(I^*)^c} \frac{\delta}{|x-x_0|^{n+1}} \mathrm{d}x$$

$$\leqslant C,$$

所以面积积分作用在原子上一致有界, 必要性得证.

下面我们来考虑充分性. 因为 $f \in L^1(\mathbb{R}^n)$, 所以 f 满足 Calderón 表示定理, 即

$$f(x) = \int_0^\infty f * \psi_t * \psi_t(x) \frac{\mathrm{d}t}{t} = \int_{\mathbb{R}_+^{n+1}} \psi_t(x-y)\psi_t * f(y) \frac{\mathrm{d}y\mathrm{d}t}{t}. \tag{4.19}$$

我们首先对 $\mathbb{R}_+^{n+1}$ 进行二进分割, 对 $\mathbb{R}^n$ 进行边长为 2^k 的二进分割, 记 $\mathbb{R}^n$ 中的二进方体为 R 和

$$R^+ = \{(y, t) : y \in R, \frac{l(R)}{2} < t \leqslant l(R)\},$$

其中 $l(R)$ 表示边长. 对于任意两个不同的方体 R_1 和 R_2, R_1^+ 和 R_2^+ 的内部是互不相交的且

$$\bigcup_R R^+ = \mathbb{R}_+^{n+1}.$$

对于任意 $\alpha > 0$ 和 $k \in \mathbb{Z}$, 令

$$\Omega_k = \{x : S(f) > 2^k \alpha\},$$

$$\mathfrak{R}_k = \{R : |R \cap \Omega_{k-1}| \geqslant \frac{1}{2^{n+1}}|R|, |R \cap \Omega_k| < \frac{1}{2^{n+1}}|R|\},$$

则 $\{\Omega_k\}$ 是速降的开集族, $\mathfrak{R}_k$ 是包含在 $\Omega_{k-1} \setminus \Omega_k$ 内的边长不同的二进方体族.

记 $f(y, t) = \psi_t * f(y)$, 则由式 (4.19) 可得,

$$f(x) = \sum_R \int_{R^+} \psi_t(x - y) f(y, t) \frac{\mathrm{d}y\mathrm{d}t}{t}. \tag{4.20}$$

记 $\{I_k^{(j)}\}$ 为 $\mathfrak{R}_k$ 中所有极大二进方体组成的序列, 即它们都不包含于 $\mathfrak{R}_k$ 中的其他二进方体. 令

$$B_k^{(j)} = \bigcup_{R \in \mathfrak{R}_k, R \subset I_k^{(j)}} R^+, \quad A_k = \bigcup_{R \in \mathfrak{R}_k} R^+,$$

$$b_k^{(j)} = \bigcup_{R \in \mathfrak{R}_k, R \subset I_k^{(j)}} \int_{R^+} \psi_t(x - y) f(y, t) \frac{\mathrm{d}y\mathrm{d}t}{t},$$

$$\lambda_k^{(j)} = C|I_k^{(j)}| \int_{I_k^{(j)}} \left(\frac{1}{|I_k^{(j)}|} \int_{B_k^{(j)}} |f(y, t)|^2 \frac{\mathrm{d}y\mathrm{d}t}{t} \right)^{\frac{1}{2}},$$

则

$$\|b_k^{(j)}\|_2 = \sup_{h:\|h\|_2 \leqslant 1} \left| \sum_R \int_{R^+} f(y, t) \int_{\mathbb{R}^n} \psi_t(x - y) h(x) \mathrm{d}x \frac{\mathrm{d}y\mathrm{d}t}{t} \right|$$

$$\leqslant \sup_h \int_{B_k^{(j)}} |f(y, t)||h(y, t)| \frac{\mathrm{d}y\mathrm{d}t}{t}$$

$$\leqslant C \left(\int_{B_k^{(j)}} |f(y,t)|^2 \frac{\mathrm{d}y\mathrm{d}t}{t} \right)^{\frac{1}{2}},$$

其中 $h(y,t) = \tilde{\psi}_t * h$ 满足

$$\left(\int_{\mathbb{R}_+^{n+1}} |h(y,t)|^2 \frac{\mathrm{d}y\mathrm{d}t}{t} \right)^{\frac{1}{2}} \leqslant C\|h\|_2.$$

因为 $y \in I_k^{(j)}$, $t \leqslant l(I_k^{(j)})$ 且 $|x-y| \leqslant t$, 所以 $\operatorname{supp} b_k^{(j)} \subset (I_k^{(j)})^*$,

$$a_k^{(j)} = \frac{1}{\lambda_k^{(j)}} b_k^{(j)}$$

为 $(1,2)$ 原子. 我们给出如下估计:

$$\begin{aligned}
\sum_{k,j} |\lambda_k^{(j)}| &\leqslant C \sum_{k,j} |I_k^{(j)}|^{\frac{1}{2}} \left(\int_{B_k^{(j)}} |f(y,t)|^2 \frac{\mathrm{d}y\mathrm{d}t}{t} \right)^{\frac{1}{2}} \\
&\leqslant C \sum_k \left(\sum_j |I_k^{(j)}| \right)^{\frac{1}{2}} \left(\sum_j \int_{B_k^{(j)}} |f(y,t)|^2 \frac{\mathrm{d}y\mathrm{d}t}{t} \right)^{\frac{1}{2}} \\
&= C \sum_k \left(\sum_j |I_k^{(j)}| \right)^{\frac{1}{2}} \left(\int_{A^k} |f(y,t)|^2 \frac{\mathrm{d}y\mathrm{d}t}{t} \right)^{\frac{1}{2}}.
\end{aligned} \tag{4.21}$$

由 $I_k^{(j)} \in \mathfrak{R}_k$ 可知:

$$|I_k^{(j)} \cap \Omega_{k-1}| \geqslant \frac{1}{2^{n+1}} |I_k^{(j)}|.$$

又因为 $I_k^{(j)}$ 对于固定的 k, 关于不同的 j 两两不相交, 所以

$$\sum_j |I_k^{(j)}| \leqslant C \sum_j |I_k^{(j)} \cap \Omega_{k-1}| \leqslant C|\Omega_{k-1}|.$$

因为 $(y,t) \in A_k$, 所以存在 R 使得 $(y,t) \in R^+$. 又因为 $R \in \mathfrak{R}_k$ 满足

$$|R \cap \Omega_{k-1}| \geqslant \frac{1}{2^{n+1}} |R|, |R \cap \Omega_k| < \frac{1}{2^{n+1}} |R|,$$

所以

$$R \subset \left\{ x : M(\chi_{\Omega_{k-1}})(x) \geqslant \frac{1}{2^{n+1}} \right\}$$

且对于任意 $y \in R$,

$$\left| R \cap \Omega_k^c \cap B\left(y, \frac{l(R)}{2}\right) \right| \geqslant \left| R \cap B\left(y, \frac{l(R)}{2}\right) \right| - \left| R \cap B\left(y, \frac{l(R)}{2}\right) \cap \Omega_k \right|$$

$$\geqslant \frac{1}{2^{n+1}} |R|.$$

对于任意 $(y,t) \in A_k$, 有

$$\left| \left\{ x : x \in \left\{ M(\chi_{\Omega_{k-1}})(x) \geqslant \frac{1}{2^{n+1}} \right\}, \ x \in \Omega_k^c, \ (y,t) \in \Gamma(x) \right\} \right| \geqslant Ct^n, \quad (4.22)$$

其中 C 只依赖于维数. 进而有

$$\int_{A^k} |f(y,t)|^2 \frac{\mathrm{d}y\mathrm{d}t}{t} \leqslant C \int_{A^k} \int_{\mathbb{R}^n} \chi_{\{M(\chi_{\Omega_{k-1}})(x) \geqslant \frac{1}{2^{n+1}}\} \cap \Omega_k^c \cap B(y,t)} \mathrm{d}x |f(y,t)|^2 \frac{\mathrm{d}y\mathrm{d}t}{t^{n+1}}.$$

因为 $\chi_{B(y,t)}(x) = \chi_{B(x,t)}(y)$, 所以交换上式关于 x,y 的积分顺序可得

$$\int_{A^k} |f(y,t)|^2 \frac{\mathrm{d}y\mathrm{d}t}{t} \leqslant C \int_{M(\chi_{\Omega_{k-1}})(x) \geqslant \frac{1}{2^{n+1}} \cap \Omega_k^c} \int_{\Gamma(x)} |f(y,t)|^2 \frac{\mathrm{d}y\mathrm{d}t}{t^{n-1}} \mathrm{d}x$$

$$\leqslant C \int_{M(\chi_{\Omega_{k-1}})(x) \geqslant \frac{1}{2^{n+1}} \cap \Omega_k^c} S(f)^2(x)\mathrm{d}x$$

$$\leqslant C(2^k\alpha)^2 |\Omega_{k-1}|,$$

将其代入式 (4.22) 有

$$\sum_{k,j} |\lambda_k^{(j)}| \leqslant C \sum_k |\Omega_{k-1}|_{\frac{1}{2}} 2^k\alpha |\Omega_{k-1}|^{\frac{1}{2}}$$

$$= C \sum_k 2^k\alpha |\Omega_{k-1}|$$

$$\leqslant C \sum_k \int_{2^{k-1}\alpha}^{2^k\alpha} \sigma_{S(f)}(x)\mathrm{d}x$$

$$= C\|S(f)\|_1.$$

故

$$\|f\|_{H^1} \leqslant C\|S(f)\|_1,$$

这就完成了定理的证明. $\qquad\qquad\qquad\qquad\qquad\qquad\qquad\qquad\qquad\qquad\square$

当 $0 < p < 1$ 时, 我们也有类似的结论.

定理 4.1.8 一个有界分布 $f \in H^p(\mathbb{R}^n), 0 < p < 1$ 当且仅当 f 在无穷远处弱为 0 且 $S(f) \in L^p(\mathbb{R}^n)$.

我们还可以定义如下形式的 Littlewood-Paley g-函数.

定义 4.1.9 设 $\psi \in C^1(\mathbb{R}^n)$ 为径向函数, 满足 $\int_{\mathbb{R}^n} \psi(x)\mathrm{d}x = 0$ 和

$$|\psi(x)| + |\nabla\psi(x)| \leqslant C(1 + |x|)^{-n-1-\varepsilon}, \quad x \in \mathbb{R}^n, \ \varepsilon > 0,$$

Littlewood-Paley g-函数的定义为

$$\mathscr{G}(f)(x) = \left(\int_0^\infty |\psi_t * f(x)|^2 \frac{\mathrm{d}x\mathrm{d}t}{t}\right)^{\frac{1}{2}}, \quad f \in \bigcup_p L^p(\mathbb{R}^n).$$

下面再介绍一种常用的平方函数——$\mathscr{G}_\lambda^*$ 函数.

定义 4.1.10 设 $\psi \in C^1(\mathbb{R}^n)$ 为径向函数, 满足 $\int_{\mathbb{R}^n} \psi(x)\mathrm{d}x = 0$ 和

$$|\psi(x)| + |\nabla\psi(x)| \leqslant C(1 + |x|)^{-n-1-\varepsilon}, \quad x \in \mathbb{R}^n, \ \varepsilon > 0,$$

$\mathscr{G}_\lambda^*$ 函数的定义为

$$\mathscr{G}_\lambda^*(f)(x) = \left(\int_{\Gamma_\alpha(x)} \left(\frac{t}{t + |x - y|}\right)^\lambda |\psi_t * f(y)|^2 \frac{\mathrm{d}y\mathrm{d}t}{t^{n+1}}\right)^{\frac{1}{2}}, \quad f \in \bigcup_p L^p(\mathbb{R}^n),$$

其中 $\lambda > 0$.

我们可以利用上面两种函数来刻画哈代空间.

定理 4.1.9　设 $0 < p \leqslant 1$, $\lambda > 0$, 一个有界分布 $f \in H^p(\mathbb{R}^n)$ 当且仅当 f 在无穷远处弱为 0 且 $\mathscr{G}(f) \in L^p(\mathbb{R}^n)$ 或 $\mathscr{G}_\lambda(f) \in L^p(\mathbb{R}^n)$.

4.2　有界平均震荡空间

给定一个局部可积的函数 $f \in L^1_{\mathrm{loc}}(\mathbb{R}^n)$ 和一个方体 Q, 我们用 f_Q 来表示 f 在 Q 上的平均, 即

$$f_Q = \frac{1}{|Q|} \int_Q f(x)\mathrm{d}x.$$

定义尖锐极大函数为

$$M^\sharp f(x) = \sup_{Q \ni x} \frac{1}{|Q|} \int_Q |f(y) - f_Q|\mathrm{d}y,$$

其中, 上确界是关于所有包含 x 的方体 Q 取的. 若 $M^\sharp f$ 是有界的, 则称 f 具有有界平均震荡.

定义 4.2.1　由具有有界平均震荡的函数所构成的函数空间称为有界平均震荡 (Bounded Mean Oscillation, BMO) 空间, 记作 BMO 空间, 即

$$\mathrm{BMO} = \{f \in L^1_{\mathrm{loc}}(\mathbb{R}^n) : M^\sharp f \in L^\infty\}.$$

BMO 空间上的范数定义为

$$\|f\|_* = \|M^\sharp f\|_\infty.$$

注 4.2.1　易知, 对于 $f, g \in \mathrm{BMO}$, $\lambda \in \mathbb{C}$, 我们有

$$\|f + g\|_{\mathrm{BMO}} \leqslant \|f\|_{\mathrm{BMO}} + \|g\|_{\mathrm{BMO}},$$

$$\|\lambda f\|_{\mathrm{BMO}} = |\lambda| \|f\|_{\mathrm{BMO}}.$$

$\|\cdot\|_*$ 不是一个严格的范数, 因为对于几乎处处为常数的函数, 其平均震荡都为零. 但是我们可以证明只有几乎处处为常数的函数, 其平均震荡才为零, 所以人们习惯把 BMO 空间看作上述空间模掉几乎处处为常数的函数类, 即如果两个函数相差一个常数, 那么在 BMO 空间里可以看作是相等的. 在此商空间上, $\|\cdot\|_*$ 是一个严格的范数, 并且该空间关于此范数构成一个 Banach 空间.

命题 4.2.1 关于 BMO 空间, 我们有下面的基本性质.

(1) 若 $\|f\|_{\mathrm{BMO}} = 0$, 则 f 几乎处处等于一个常数.

(2) $L^\infty(\mathbb{R}^n)$ 包含于 $\mathrm{BMO}(\mathbb{R}^n)$ 且 $\|f\|_{\mathrm{BMO}} \leqslant 2\|f\|_{L^\infty}$.

(3) 若常数 $A > 0$ 满足对于 $\mathbb{R}^n$ 中的任意方体 Q 都存在常数 c_Q 使得

$$\sup_Q \frac{1}{|Q|} \int_Q |f(x) - c_Q| \mathrm{d}x \leqslant A,$$

则 $f \in \mathrm{BMO}(\mathbb{R}^n)$ 且 $\|f\|_{\mathrm{BMO}} \leqslant 2A$.

(4) 对于任意的局部可积函数 f, 都有

$$\frac{1}{2}\|f\|_{\mathrm{BMO}} \leqslant \sup_Q \frac{1}{|Q|} \inf_{c_Q} \int_Q |f(x) - c_Q| \mathrm{d}x \leqslant \|f\|_{\mathrm{BMO}}.$$

(5) 若 $f \in \mathrm{BMO}(\mathbb{R}^n)$, $h \in \mathbb{R}^n$, 记 $\tau_h(f)(x) = f(x-h)$, 则 $\tau_h(f) \in \mathrm{BMO}(\mathbb{R}^n)$ 且

$$\|\tau_h(f)\|_{\mathrm{BMO}} = \|f\|_{\mathrm{BMO}}.$$

(6) 若 $f \in \mathrm{BMO}(\mathbb{R}^n)$, $\lambda > 0$, 记 $\delta^\lambda(f)(x) = f(\lambda x)$, 则 $\delta^\lambda(f) \in \mathrm{BMO}(\mathbb{R}^n)$ 且

$$\|\delta^\lambda(f)\|_{\mathrm{BMO}} = \|f\|_{\mathrm{BMO}}.$$

(7) 若实值函数 $f, g \in \mathrm{BMO}(\mathbb{R}^n)$, 则 $\max\{f, g\} \in \mathrm{BMO}(\mathbb{R}^n)$ 且 $\min\{f, g\} \in$ $\mathrm{BMO}(\mathbb{R}^n)$. 进一步, 我们有

$$\||f|\|_{\mathrm{BMO}} \leqslant 2\|f\|_{\mathrm{BMO}},$$

$$\|\max\{f, g\}\|_{\mathrm{BMO}} \leqslant \frac{3}{2}(\|f\|_{\mathrm{BMO}} + \|g\|_{\mathrm{BMO}}),$$

$$\|\min\{f, g\}\|_{\mathrm{BMO}} \leqslant \frac{3}{2}(\|f\|_{\mathrm{BMO}} + \|g\|_{\mathrm{BMO}}).$$

(8) 对于局部可积函数 f, 定义

$$\|f\|_{\mathrm{BMO_{balls}}} = \sup_B \frac{1}{|B|} \int_B |f(x) - f_B| \mathrm{d}x,$$

其中上确界是对 $\mathbb{R}^n$ 中的所有球 B 取的, 则存在常数 c_n 和 C_n 使得

$$c_n \|f\|_{\mathrm{BMO}} \leqslant \|f\|_{\mathrm{BMO_{balls}}} \leqslant C_n \|f\|_{\mathrm{BMO}}.$$

证明　该命题的证明主要利用 BMO 空间的定义.

(1) 由已知条件可知: f 在任何方体 $[-N, N]^n$ 上几乎处处等于常数 C_N. 因为 $[-N, N]^n \subset [-N-1, N+1]^n$, 所以对于任意 N, 都有 $C_N = C_{N+1}$. 故结论成立.

(2) 因为

$$\frac{1}{|Q|} \int_Q |f(x) - f_Q| \mathrm{d}x \leqslant 2 f_Q \leqslant 2\|f\|_\infty,$$

所以结论成立.

(3) 因为

$$|f - f_Q| \leqslant |f - c_Q| + |f_Q - c_Q| \leqslant |f - c_Q| + \frac{1}{|Q|} \int_Q |f(x) - c_Q| \mathrm{d}x,$$

所以 $\|f\|_{\text{BMO}} \leqslant 2A$.

(4) 可以由 (3) 得到.

(5) 显然成立.

(6) 因为

$$\frac{1}{|Q|} \int_Q |\delta^\lambda(f)(x) - (\delta^\lambda f)_Q| \mathrm{d}x = \frac{1}{|\lambda Q|} \int_{\lambda Q} |f(x) - f_{\lambda Q}| \mathrm{d}x,$$

所以

$$\frac{1}{|Q|} \int_Q |f(\lambda x) - (\delta^\lambda f)_Q| \mathrm{d}x = \frac{1}{|\lambda Q|} \int_{\lambda Q} |f(x) - f_{\lambda Q}| \mathrm{d}x.$$

(7) 因为

$$\max\{f, g\} = \frac{f + g + |f - g|}{2}, \min\{f, g\} = \frac{f + g - |f - g|}{2},$$

所以结论成立.

(8) 对于 $\mathbb{R}^n$ 中的任意方体 Q, 令 B 表示包含 Q 的最小球, 则有

$$\frac{|B|}{|Q|} = 2^{-n} v_n \sqrt{n^n},$$

其中 v_n 表示单位球的体积, 且

$$\frac{1}{|Q|} \int_Q |f(x) - f_Q| \mathrm{d}x \leqslant \frac{|B|}{|Q|} \frac{|1|}{|B|} \int_B |f(x) - f_B| \mathrm{d}x \leqslant \frac{v_n \sqrt{n^n}}{2^n} \|f\|_{\text{BMO}_{\text{balls}}}.$$

再由 (3) 可得,

$$\|f\|_{\text{BMO}} \leqslant 2^{1-n} v_n \sqrt{n^n} \|f\|_{\text{BMO}_{\text{balls}}}.$$

反方向类似可证.   □

由尖锐极大函数的定义可知,

$$M^\sharp f(x) \leqslant CMf(x), \ x \in \mathbb{R}^n,$$

这里 M 为 Hardy-Littlewood 极大函数, 从而 $M^\sharp$ 是强 (p,p), $1 < p < \infty$ 和弱 $(1,1)$ 有界的. 进一步, 我们还可得到如下命题.

命题 4.2.2

(1) $\dfrac{1}{2}\|M^\sharp f\|_{L^\infty} \leqslant \sup\limits_{Q} \inf\limits_{a \in \mathbb{C}} \dfrac{1}{|Q|} \int_Q |f(x) - a|\mathrm{d}x \leqslant \|M^\sharp f\|_{L^\infty}$;

(2) $M^\sharp(|f|)(x) \leqslant 2M^\sharp f(x)$.

证明　首先, 由范数 $\|\cdot\|_*$ 的定义易知,

$$\sup\limits_{Q} \inf\limits_{a \in \mathbb{C}} \frac{1}{|Q|} \int_Q |f(x) - a|\mathrm{d}x \leqslant \|f\|_*$$

成立.

对于任意 $a \in \mathbb{C}$, 我们有

$$\int_Q |f(x) - f_Q|\mathrm{d}x \leqslant \int_Q |f(x) - a|\mathrm{d}x + \int_Q |a - f_Q|\mathrm{d}x$$
$$\leqslant 2 \int_Q |f(x) - a|\mathrm{d}x.$$

将上式两边同除以 $|Q|$, 再关于所有 $a \in \mathbb{C}$ 取下确界, 最后关于所有方体 Q 取上确界即可得到 (1).

在 (1) 中, 我们取 $a = f_Q$, 则有

$$\frac{1}{|Q|} \int_Q \big||f(x)| - |f_Q|\big|\, \mathrm{d}x \leqslant \frac{1}{|Q|} \int_Q |f(x) - f_Q|\mathrm{d}x,$$

从而 (2) 得证.　□

上述命题定义了一个与 $\|\cdot\|_*$ 等价的范数, 我们在证明 $f \in \mathrm{BMO}$ 时不需要计算它在方体 Q 上的平均值, 只需要找到一个常数 a 使得

$$\frac{1}{|Q|}\int_Q |f(x) - a|\mathrm{d}x \leqslant C$$

即可, 这里的常数 a 可以依赖于 Q, 但是常数 C 不依赖于 Q. 由 (2) 可知: 若 $f \in \mathrm{BMO}$, 则 $|f| \in \mathrm{BMO}$, 反之不然.

由前易知 $L^\infty \subset \mathrm{BMO}$, 但是存在无界的函数 f 属于 BMO 空间, 一个典型的例子是函数 $f(x) = \ln|x|$, $x \in \mathbb{R}$. 事实上, 对于任意区间 $I = [a,b]$, 若 $0 < a < b$, 令 $a_I = \ln b$; 若 $-b < a < 0 < b$, 令 $a_I = \ln b$; 若 $a < -b < 0 < b$, 令 $a_I = \ln|a|$, 则有

$$\frac{1}{b-a}\int_a^b |f(x) - a_I|\mathrm{d}x \leqslant 1,$$

从而 $f \in \mathrm{BMO}$ 且 f 为无界函数. 令 $g(x) = \mathrm{sgn}(x)f(x)$, 则易知 $|f| \in \mathrm{BMO}$ 但 $g \notin \mathrm{BMO}$, 事实上, 取 $Q = [-a,a]$, 则 $g_Q = 0$ 且

$$\frac{1}{|Q|}\int_Q |g(x) - 0|\mathrm{d}x \to \infty, \quad a \to 0.$$

下面我们来讨论 BMO 空间和 Carleson 测度之间的关系, 首先给出 Carleson 测度的定义.

定义 4.2.2 $\mathbb{R}_+^{n+1}$ 上的非负 Borel 测度 μ 称为一个 Carleson 测度, 如果存在常数 $C > 0$ 使得

$$|\hat{Q}|_\mu \leqslant C|Q|, \quad Q \subset \mathbb{R}^n, \tag{4.23}$$

其中 $\hat{Q}$ 称为以 Q 为底的帐篷, 其定义为

$$\hat{Q} = \{(y,t) \in \mathbb{R}_+^{n+1} : B(y,t) \subset Q\}.$$

式 (4.23) 中最小的常数 C 记作 $\|\mu\|$, 称为 μ 的 Carleson 模.

关于 Carleson 测度, 我们有下面的 Carleson 不等式.

命题 4.2.3　设 $f(y,t)$ 是 $\mathbb{R}_+^{n+1}$ 上的连续函数, μ 是 Carleson 测度, 则

$$\int_{\mathbb{R}_+^{n+1}} |f(y,t)| \mathrm{d}\mu(y,t) \leqslant C\|\mu\| \int_{\mathbb{R}^n} f^*(x)\mathrm{d}x,$$

其中 f^* 是 f 的非切向极大函数,

$$f^*(x) = \sup_{(y,t)\in \Gamma(x)} |f(y,t)|.$$

证明　记

$$E_\lambda = \{(y,t) : |f(y,t)| > \lambda\}, E_\lambda^* = \{x \in \mathbb{R}^n : f^*(x) > \lambda\},$$

则 E_λ^* 是开集, 故由 Whitney 分解可知: $E_\lambda^* = \bigcup_j Q_j$ 且 Q_j 的边长与 Q_j 到 E_λ^* 的边界距离可以比较, 即存在只依赖于 n 的常数 C_0 使得 $C_0 Q_j \cap (E_\lambda^*)^c \neq \phi$. 设 $(y,t) \in E_\lambda$, 即 $|f(y,t)| > \lambda$. 因为对于任意 $x \in B(y,t)$ 都有 $(y,t) \in \Gamma(x)$, 所以 $f^*(x) > \lambda$, 即 $B(y,t) \subset E_\lambda^*$. 特别地, 存在 Q_j 使得 $y \in Q_j$, 从而存在 c_1 使得 $t \leqslant c_1 l(Q_j)$, 将 Q_j 适当扩大后可以包含 $B(y,t)$. 故

$$(y,t) \in (CQ_j)^\wedge = \{(y,t) \in \mathbb{R}_+^{n+1} : B(y,t) \subset CQ_j\}.$$

进一步, $E_\lambda \subset \bigcup_j (CQ_j)^\wedge$, 因此

$$|E_\lambda|_\mu \leqslant \sum |(CQ_j)^\wedge|_\mu \leqslant C\|\mu\| \sum_j |CQ_j| \leqslant C\|\mu\| |E_\lambda^*|,$$

这就完成了命题的证明.　　　　　　　　　　　　　　　　　　　　　　$\square$

我们还可以利用调和函数将 Carleson 不等式写成下面的形式.

命题 4.2.4 对于 $\mathbb{R}^{n+1}_+$ 上的非负 Borel 测度 μ, 下面的结论是等价的.

(1) μ 是 Carleson 测度.

(2) 设 $0 < p < \infty$, $f \in \bigcup_{q \geqslant 1} L^q(\mathbb{R}^n)$, 则

$$\int_{\mathbb{R}^{n+1}_+} |P_t * f(x)|^p \mathrm{d}\mu(x, t) \leqslant C \int_{\mathbb{R}^n} M_p(f)^p(x) \mathrm{d}x.$$

(3) 对于某个满足 $0 < p < \infty$ 的 p, 有

$$\int_{\mathbb{R}^{n+1}_+} |P_t * f(x)|^p \mathrm{d}\mu(x, t) \leqslant C \int_{\mathbb{R}^n} M_p(f)^p(x) \mathrm{d}x.$$

证明 (1) $\Rightarrow$ (2) 可由命题 4.2.3 得到. (2) $\Rightarrow$ (3) 显然成立. 下面我们来证明 (3) $\Rightarrow$ (1).

取 $f = \chi_Q$, 则在 $\hat{Q}$ 上有

$$|P_t * \chi_Q(x)| \geqslant \frac{C|Q|}{t^n} \geqslant C > 0,$$

从而由条件可得,

$$C_1 |\hat{Q}|_\mu \leqslant \int_{\mathbb{R}^n} |P_t * f(x)|^p \mathrm{d}\mu \leqslant C_2 \int_{\mathbb{R}^n} M(\chi_Q)^p \mathrm{d}x \leqslant C_2 |Q|.$$

故命题成立. $\qquad\qquad\square$

为了讨论 BMO 空间和 Carleson 测度的关系, 我们还需要下面的引理.

引理 4.2.1 设 $\varepsilon > 0$, Q_0 是任意方体, 边长为 δ, 中心在 x_0, 则存在 $C = C_{\varepsilon,n}$ 使得对于任意 $f \in \mathrm{BMO}$, 有

$$\int_{\mathbb{R}^n} \frac{\delta^\varepsilon |f(x) - f_{Q_0}|}{\delta^{n+\varepsilon} + |x - x_0|^{n+\varepsilon}} \mathrm{d}x \leqslant C \|f\|_*.$$

证明 令 $Q_k = 2^k Q_0$, 则

$$|f_{Q_{k+1}} - f_{Q_k}| = \left| \frac{1}{|Q_k|} \int_{Q_k} (f_{Q_{k+1}} - f) \mathrm{d}x \right| \leqslant 2^n \|f\|_*,$$

$$|f_{Q_k} - f_{Q_0}| \leqslant k \cdot 2^n \|f\|_*.$$

设 $Q_{-1} = \phi$, 则

$$\int_{\mathbb{R}^n} \frac{\delta^\varepsilon |f(x) - f_{Q_0}|}{\delta^{n+\varepsilon} + |x - x_0|^{n+\varepsilon}} \mathrm{d}x$$

$$\leqslant \sum_{k=0}^{\infty} \int_{Q_k \backslash Q_{k-1}} \frac{\delta^\varepsilon |f(x) - f_{Q_0}|}{\delta^{n+\varepsilon} + |x - x_0|^{n+\varepsilon}} \mathrm{d}x$$

$$\leqslant C_\varepsilon \sum_{k=0}^{\infty} (2^k \delta)^{-n\varepsilon} \delta^\varepsilon \left| \frac{1}{Q_k} \right| \int_{Q_k} |f - f_{Q_0}| \mathrm{d}x$$

$$\leqslant C_{\varepsilon,n} \sum_{k=0}^{\infty} (k+1) 2^{-nk\varepsilon} \|f\|_*$$

$$\leqslant C \|f\|_*,$$

从而引理得证. $\qquad\qquad\qquad\qquad\qquad\qquad\qquad\qquad\qquad\qquad\quad\square$

为了完成 BMO 空间的 Carleson 测度刻画, 我们还需要下面的结论.

命题 4.2.5 设 $1 \leqslant q < \infty$, $f(y,t)$, $g(y,t)$ 是 R_+^{n+1} 上的可测函数, 定义

$$A_q(f, x) = \left(\int_{\Gamma(x)} |f(y,t)|^q \frac{\mathrm{d}y\mathrm{d}t}{t^{n+1}} \right)^{1/q},$$

$$A_\infty(f, x) = \sup_{(y,t) \in \Gamma(x)} |f(y,t)|,$$

$$C_q(g, x) = \sup_{x \in B} \left(\frac{1}{|B|} \int_{\hat{B}} |g(y,t)|^q \frac{\mathrm{d}y\mathrm{d}t}{t^{n+1}} \right)^{1/q},$$

则当 $1 < q \leqslant \infty$, $\frac{1}{q} + \frac{1}{q'} = 1$ 时, 有

$$\int_{R_+^{n+1}} |f(y,t)g(y,t)| \frac{\mathrm{d}y\mathrm{d}t}{t} \leqslant C \int_{\mathbb{R}^n} A_q(y,t) C_{q'}(g,x) \mathrm{d}x.$$

现在我们来证明 BMO 空间的 Carleson 测度刻画.

定理 4.2.1

(1) 设 $b \in \mathrm{BMO}$, ψ 是径向实值函数, 且存在 $\varepsilon > 0$ 使得

$$\int_{\mathbb{R}^n} \psi(x)\mathrm{d}x = 0, |\psi(x)| + |\nabla\psi(x)| \leqslant C(1+|x|)^{-n-\varepsilon},$$

则

$$\mathrm{d}\mu = |\psi_t * b(x)|^2 \frac{\mathrm{d}y\mathrm{d}t}{t}$$

是 Carleson 测度且 $\|\mu\| \leqslant C\|b\|_{\mathrm{BMO}}^2$.

(2) 设 ψ 是径向实值函数, 且满足

$$\int_{\mathbb{R}^n} \psi(x)\mathrm{d}x = 0, |\psi(x)| + |\nabla\psi(x)| \leqslant C(1+|x|)^{-n-\varepsilon}$$

和

$$\int_0^\infty |\hat{\psi}(t\xi)|^2 \frac{\mathrm{d}t}{t} \neq 0, \quad \xi \neq 0,$$

若局部可积函数 b 使得

$$\mathrm{d}\mu = |\psi_t * b(x)|^2 \frac{\mathrm{d}y\mathrm{d}t}{t}$$

是 Carleson 测度, 则 $b \in \mathrm{BMO}$.

证明 (1) 给定以 x_0 为中心, 边长为 δ 的方体 Q, 并记 $Q^* = 2Q$. 令

$$b = b_{Q^*} + (b - b_{Q^*})\chi_{Q^*} + (b - b_{Q^*})\chi_{(Q^*)^c} = b_1 + b_2 + b_3,$$

则由 $\int_{\mathbb{R}^n} \psi(x)\mathrm{d}x = 0$ 可知: $\psi_t * b_1(x) = 0$. 因为

$$\int_{\hat{Q}} |\psi_t * b_2(x)|^2 \frac{\mathrm{d}x\mathrm{d}t}{t} \leqslant \int_{\mathbb{R}_+^{n+1}} |\psi_t * b_2(x)|^2 \frac{\mathrm{d}x\mathrm{d}t}{t}$$

$$\leqslant \int_{\mathbb{R}^n} |b_2(x)|^2 \mathrm{d}x$$

$$= C \int_{Q^*} |b - b_{Q^*}|^2 \mathrm{d}x$$

$$\leqslant C|Q|,$$

所以当 $(x,t) \in \hat{Q}$ 时, $x \in Q$, $t \leqslant l(Q)$, 从而当 $y \notin Q^*$, 我们有 $|y-x| \geqslant C|y-x_0|$.
故

$$
\begin{aligned}
|\psi_t * b_3(x)| &\leqslant C \int_{\mathbb{R}^n \setminus Q^*} \frac{t^\varepsilon |b(y) - b_{Q^*}|}{(t + |x - y|)^{n+\varepsilon}} \mathrm{d}y \\
&\leqslant C \int_{\mathbb{R}^n \setminus Q^*} \frac{t^\varepsilon |b(y) - b_{Q^*}|}{(t + |y - x_0|)^{n+\varepsilon}} \mathrm{d}y \\
&\leqslant C t^\varepsilon \int_{\mathbb{R}^n \setminus Q^*} \frac{|b(y) - b_{Q^*}|}{(\delta + |y - x_0|)^{n+\varepsilon}} \mathrm{d}y \\
&\leqslant C \frac{t^\varepsilon}{\delta^\varepsilon} \|b\|_{\mathrm{BMO}}.
\end{aligned}
$$

进一步,

$$\int_{\hat{Q}} |\psi_t * b_3(x)|^2 \frac{\mathrm{d}x\mathrm{d}t}{t} \leqslant C \int_Q \int_0^{l(Q)} \frac{t^{2\varepsilon-1}}{\delta^{2\varepsilon}} \mathrm{d}x\mathrm{d}t \|b\|_{\mathrm{BMO}}^2 \leqslant C|Q|\|b\|_{\mathrm{BMO}}^2.$$

这就完成了 (1) 的证明.

(2) 设 $f \in H^1(\mathbb{R}^n)$, 在命题 4.2.5 中取 $q = q' = 2$ 可知: b 在 $H^1(\mathbb{R}^n)$ 上通过

$$\int_{\mathbb{R}^n} f(x)b(x)\mathrm{d}x = C \int_{\mathbb{R}_+^{n+1}} \psi_t * f(x) \psi_t * b(x) \frac{\mathrm{d}x\mathrm{d}t}{t}$$

定义一个有界线性泛函且满足

$$\left| \int_{\mathbb{R}^n} f(x)b(x)\mathrm{d}x \right| \leqslant C\|\mu\|^{\frac{1}{2}} \int_{\mathbb{R}^n} S(f,x)\mathrm{d}x = C\|\mu\|^{\frac{1}{2}} \|f\|_{H^1},$$

从而 $b \in \mathrm{BMO}$ 且 $\|b\|_{\mathrm{BMO}} \leqslant C\|\mu\|^{\frac{1}{2}}$. 这就完成了定理的证明. $\qquad\square$

下面我们来讨论奇异积分算子在 BMO 空间上的有界性.

定理 4.2.2 设 T 是 $L^2(\mathbb{R}^n)$ 上的一个有界算子, K 为 $\mathbb{R}^n \times \mathbb{R}^n \setminus \Delta$ 上的一个函数, 且对于具有紧支集的 $f \in L^2(\mathbb{R}^n)$, 有

$$Tf(x) = \int_{\mathbb{R}^n} K(x,y)f(y)\mathrm{d}y, \quad x \notin \mathrm{supp}(f).$$

若 K 满足

$$\int_{|x-y|>2|x-w|} |K(x,y) - K(w,y)|\mathrm{d}y \leqslant C,$$

则当 f 为一个具有紧支集的有界函数时, $Tf \in \mathrm{BMO}$ 且

$$\|Tf\|_* \leqslant C\|f\|_\infty.$$

证明 固定 $\mathbb{R}^n$ 中的方体 Q 并记它的中心为 c_Q, 令 Q^* 表示中心为 c_Q 且边长为 Q 的 $2\sqrt{n}$ 倍的方体. 将 f 分解为 $f = f_1 + f_2$, 其中 $f_1 = f\chi_{Q^*}$.

记 $a = Tf_2(c_Q)$, 则由 T 在 $L^2(\mathbb{R}^n)$ 上有界和已知条件可得,

$$\frac{1}{|Q|}\int_Q |Tf(x) - a|\mathrm{d}x$$

$$\leqslant \frac{1}{|Q|}\int_Q |Tf_1(x)|\mathrm{d}x + \frac{1}{|Q|}\int_Q |Tf_2(x) - Tf_2(c_Q)|\mathrm{d}x$$

$$\leqslant \left(\frac{1}{|Q|}\int_Q |Tf_1(x)|^2\mathrm{d}x\right)^{\frac{1}{2}} + \frac{1}{|Q|}\int_Q \left|\int_{\mathbb{R}^n \setminus Q^*}[K(x,y) - K(c_Q,y)]f(y)\mathrm{d}y\right|\mathrm{d}x$$

$$\leqslant C\left(\frac{1}{|Q|}\int_{Q^*} |f(x)|^2\mathrm{d}x\right)^{\frac{1}{2}} + \frac{1}{|Q|}\int_Q\int_{\mathbb{R}^n \setminus Q^*} |K(x,y) - K(c_Q,y)|\mathrm{d}y\mathrm{d}x \cdot \|f\|_\infty$$

$$\leqslant C\|f\|_\infty. \qquad \qquad \Box$$

定理 4.2.2 表明: 具有紧支集的有界函数在奇异积分算子作用后属于 BMO 空间, 但是具有紧支集的函数在 $L^\infty(\mathbb{R}^n)$ 中不是稠密的, 所以我们不能将奇异积分算子延拓到 $L^\infty(\mathbb{R}^n)$ 上. 下面我们将 T 延拓到整个 $L^\infty(\mathbb{R}^n)$ 上.

设 f 是一个有界函数, 令 Q 为 $\mathbb{R}^n$ 上中心在原点的方体, 记 Q^* 为中心在原点且边长为 Q 边长两倍的方体. 我们可以将 f 分解为 $f = f_1 + f_2$, 其中 $f_1 = f\chi_{Q^*}$. 因为 f_1 具有紧支集且有界, 所以 Tf_1 是良定义的且属于 $L^2(\mathbb{R}^n)$, 故 $Tf_1(x)$ 对几乎处处 x 存在. 当 $x \in Q$ 时, 我们定义

$$Tf(x) = Tf_1(x) + \int_{\mathbb{R}^n} [K(x,y) - K(0,y)]f_2(y)\mathrm{d}y.$$

易知

$$|Tf(x)| \leqslant \|f\|_\infty \int_{\mathbb{R}^n \backslash Q^*} |K(x,y) - K(0,y)|\mathrm{d}y,$$

从而 Tf 有界, 故 Tf 存在.

令 $\bar{Q}$ 表示中心在原点且包含 Q 的方体, 则对于 $x \in Q$, $Tf(x)$ 有两种定义. 记 $\bar{f}_1 = f\chi_{\bar{Q}^*}$, $\bar{f}_2 = f - \bar{f}_1$, 则两种定义的差为

$$\begin{aligned}
T(f_1 + f_2) - T(\bar{f}_1 + \bar{f}_2) &= T(f_1 - \bar{f}_1)(x) + \int_{\mathbb{R}^n \backslash Q^*} [K(x,y) - K(0,y)]f(y)\mathrm{d}y - \\
&\quad \int_{\mathbb{R}^n \backslash \bar{Q}^*} [K(x,y) - K(0,y)]f(y)\mathrm{d}y \\
&= -\int_{\bar{Q}^* \backslash Q^*} K(0,y)f(y)\mathrm{d}y,
\end{aligned}$$

上式与 x 无关. 因为 BMO 空间中差值为常数的两个函数可以看作同一个函数, 所以两种定义在 BMO 空间上是一致的.

类似于定理 4.2.2, 我们可以证明当 $f \in L^\infty(\mathbb{R}^n)$ 时, 有 $Tf \in$ BMO.

例 1　令 $f(x) = \mathrm{sgn}(x)$, 试求解 f 在希尔伯特变换下的像.

当 $|x| < a/2$ 时, 我们有

$$\pi Hf(x) = \mathrm{p.v.} \int_{-a}^{a} \frac{\mathrm{sgn}(y)}{x-y}\mathrm{d}y + \lim_{N \to \infty} \int_{-N}^{-a} \left(\frac{1}{x-y} + \frac{1}{y} \right)\mathrm{sgn}(y)\mathrm{d}y +$$

$$\lim_{N \to \infty} \int_a^N \left(\frac{1}{x-y} + \frac{1}{y} \right) \operatorname{sgn}(y) \mathrm{d}y$$
$$= 2\log|x| - 2\log a,$$

所以, 如果忽略常数, 就有

$$H(\operatorname{sgn}(x)) = \frac{2}{\pi} \log|x|.$$

4.3 哈代空间 $H^1(\mathbb{R}^n)$ 与有界平均震荡空间的对偶关系

本节将证明哈代空间和 BMO 空间的对偶关系.

对于给定的 BMO 函数 b 和一个在 $\mathbb{R}^n$ 上积分为零的平方可积函数 g, 由 Cauchy-Schwartz 不等式可知: 积分 $\displaystyle\int_{\mathbb{R}^n} g(x)b(x)\mathrm{d}x$ 是绝对收敛的, 从而我们可以定义下面形式的线性泛函.

定义 4.3.1 令 $H_0(\mathbb{R}^n)$ 表示 $H^1(\mathbb{R}^n)$ 中所有原子的有限线性组合构成的空间, 则对于固定的 $b \in \mathrm{BMO}(\mathbb{R}^n)$, 我们可以定义一个线性泛函

$$L_b(g) = \int_{\mathbb{R}^n} g(x)b(x)\mathrm{d}x, \quad g \in H_1^0(\mathbb{R}^n).$$

由定义 4.3.1 可知: 对于任意常数 c, 泛函 L_b 和 L_{b+c} 在 $H_0(\mathbb{R}^n)$ 上是一致的. 当 $b \in \mathrm{BMO}(\mathbb{R}^n)$ 有界时, 定义 4.3.1 对一般的 $g \in H^1(\mathbb{R}^n)$ 也成立.

下面我们来证明 $\mathrm{BMO}(\mathbb{R}^n)$ 是 $H^1(\mathbb{R}^n)$ 的对偶空间.

定理 4.3.1 存在有限数 $C_n > 0$ 和 $C_n' > 0$ 使得下面的结论成立.

(1) 给定 $b \in \mathrm{BMO}(\mathbb{R}^n)$, 线性泛函 L_b 属于 $(H^1(\mathbb{R}^n))^*$ 且

$$\|L_b\|_{H^1 \to \mathbb{C}} \leqslant C_n \|b\|_{\mathrm{BMO}}.$$

(2) 对于 $H^1(\mathbb{R}^n)$ 上的每一个有界线性泛函 L, 都存在一个 BMO 函数 b 使得对于任意 $f \in H_0(\mathbb{R}^n)$ 有 $L(f) = L_b(f)$ 且

$$\|b\|_{\mathrm{BMO}} \leqslant C_n' \|L_b\|_{H^1 \to \mathbb{C}}.$$

证明　(1) 对于给定 $b \in \mathrm{BMO}(\mathbb{R}^n)$, 我们来证明线性泛函 L_b 可以延拓到整个空间 $H^1(\mathbb{R}^n)$. 为此, 我们首先证明

$$\|L_b\|_{H^1 \to \mathbb{C}} \leqslant C_n \|b\|_{\mathrm{BMO}}. \tag{4.24}$$

设 $b \in \mathrm{BMO}(\mathbb{R}^n)$ 是一个有界函数, 给定 $f \in H^1(\mathbb{R}^n)$, 则由原子分解定理可知: 存在一列原子 $\{a_k\}$ 满足 $\operatorname{supp} a_k \subset Q_k$, 且

$$f = \sum_{k=1}^{\infty} \lambda_k a_k \tag{4.25}$$

和

$$\sum_{k=1}^{\infty} |\lambda_k| \leqslant \|f\|_{H^1}.$$

因为级数 (4.25) 在 $H^1(\mathbb{R}^n)$ 中收敛, 所以在 $L^1(\mathbb{R}^n)$ 中也收敛. 故

$$
\begin{aligned}
|L_b(f)| &= \left| \int_{\mathbb{R}^n} f(x) b(x) \mathrm{d}x \right| \\
&= \left| \sum_{k=1}^{\infty} \lambda_k \int_{Q_k} a_k(x) \left(b(x) - b_{Q_k} \right) \mathrm{d}x \right| \\
&\leqslant \sum_{k=1}^{\infty} |\lambda_k| \|a_k\|_{L^2} |Q_k|^{\frac{1}{2}} \left(\frac{1}{|Q_k|} \int_{Q_k} |b(x) - b_{Q_k}|^2 \mathrm{d}x \right)^{\frac{1}{2}} \\
&\leqslant 2 B_{2,n} \|f\|_{H^1} \|b\|_{\mathrm{BMO}},
\end{aligned}
$$

其中最后一步我们用到了 $\|a_k\|_{L^2} \leqslant |Q_k|^{-\frac{1}{2}}$. 式 (4.24) 得证.

对于一般的 $b \in \mathrm{BMO}(\mathbb{R}^n)$, 记

$$b_M(x) = b\chi_{|b| \leqslant M}, \quad M = 1, 2, \cdots.$$

因为 $\|b_M\|_{\mathrm{BMO}} \leqslant \dfrac{9}{4}\|b\|_{\mathrm{BMO}}$, 所以线性泛函族 $\{L_{b_M}\}_M$ 属于 $(H^1(\mathbb{R}^n))^*$ 中的有界集. 由 Banach-Alaoglou 定理可知: 存在子列 $\{L_{b_{M_j}}\}_{M_j}$ 弱收敛到 $H^1(\mathbb{R}^n)$ 上的有界线性泛函 $\tilde{L}_b$, 即对于所有 $f \in H^1(\mathbb{R}^n)$, 有

$$\lim_{j \to \infty} L_{b_{M_j}}(f) = \tilde{L}_b(f).$$

若 a_Q 是 $H^1(\mathbb{R}^n)$ 中的原子, 则

$$|L_{b_{M_j}}(a_Q) - \tilde{L}_b(a_Q)|$$
$$\leqslant \|a_Q\|_{L^2} \left(\left\| b_{M_j} - \frac{1}{|Q|} \int_Q b_{M_j}(x)\mathrm{d}x - b + \frac{1}{|Q|} \int_Q b(x)\mathrm{d}x \right\|_{L^2(Q)} \right).$$

进一步,

$$|L_{b_{M_j}}(a_Q) - \tilde{L}_b(a_Q)| \leqslant \|a_Q\|_{L^2} \left(\|b_{M_j} - b\|_{L^2(Q)} + |Q|^{\frac{1}{2}} \left| \frac{1}{|Q|} \int_Q [b_{M_j}(x) - b(x)]\mathrm{d}x \right| \right).$$

由 Lebesgue 控制收敛定理可知: 当 $j \to \infty$ 时,

$$\lim_{j \to \infty} |L_{b_{M_j}}(a_Q) - \tilde{L}_b(a_Q)| = 0.$$

上式对原子的有限组合都成立, 故对 $g \in H_0(\mathbb{R}^n)$,

$$\lim_{j \to \infty} |L_{b_{M_j}}(g) - \tilde{L}_b(g)| = 0.$$

由此可知: 对 $g \in H_0^1$, 我们有 $L_b(g) = \tilde{L}_b(g)$. 因为 $H_0(\mathbb{R}^n)$ 在 $H^1(\mathbb{R}^n)$ 中稠密且 L_b 和 $\tilde{L}_b$ 在 $H_0(\mathbb{R}^n)$ 上一致, 所以 $\tilde{L}_b$ 是 L_b 在 $H^1(\mathbb{R}^n)$ 上唯一的有界线性延拓.

(2) 对于 $H^1(\mathbb{R}^n)$ 上的有界线性泛函 L 和方体 Q, 令 $L^2(Q)$ 表示紧支集包含于 Q 的平方可积函数所构成的空间, 范数定义为

$$\|g\|_{L^2(Q)} = \left(\int_Q |g(x)|^2 \mathrm{d}x \right)^{\frac{1}{2}}.$$

令 $L^2_0(Q)$ 表示 $L^2(Q)$ 中平均值为零的函数所构成的空间, 我们将证明 $L^2_0(Q)$ 中的每个元素都属于 $H^1(\mathbb{R}^n)$ 且

$$\|g\|_{H^1} \leqslant c_n |Q|^{\frac{1}{2}} \|g\|_{L^2}. \tag{4.26}$$

为此我们利用哈代空间的平方函数刻画. 取 $\mathbb{R}^n$ 上的 Schwartz 函数 Φ, 其傅里叶变换紧支集包含于 $\frac{1}{2} \leqslant |\xi| \leqslant 2$ 且

$$\sum_{j \in \mathbb{Z}} \hat{\Phi}(2^{-j}\xi) = 1, \quad \xi \neq 0.$$

令 $\Delta_j(g) = \Phi_{2^{-j}} * g$, 则由 Hölder 不等式和 L^2 估计可得

$$\int_{3\sqrt{n}Q} \left(\sum_j |\Delta_j(g)(x)|^2 \right)^{\frac{1}{2}} \mathrm{d}x \leqslant c_n |Q|^{\frac{1}{2}} \|g\|_{L^2}.$$

当 $x \notin 3\sqrt{n}Q$ 时, 对 g 利用平均值不等式可得

$$|\Delta_j(g)(x)| \leqslant \frac{c_n \|g\|_{L^2} 2^{nj+j} |Q|^{\frac{1}{n}+\frac{1}{2}}}{(1 + 2^j |x - c_Q|)^{n+2}},$$

其中 c_Q 表示 Q 的中心, 从而

$$\int_{(3\sqrt{n}Q)^c} \left(\sum_j |\Delta_j(g)(x)|^2 \right)^{\frac{1}{2}} \mathrm{d}x \leqslant c_n |Q|^{\frac{1}{2}} \|g\|_{L^2},$$

故式 (4.26) 得证.

因为 $L_0^2(Q)$ 为 $H^1(\mathbb{R}^n)$ 的子空间, 所以线性泛函 $L: H^1(\mathbb{R}^n) \to \mathbb{C}$ 也是 $L_0^2(Q)$ 上的一个有界线性泛函且范数为

$$\|L\|_{L_0^2(Q) \to \mathbb{C}} \leqslant c_n |Q|^{\frac{1}{2}} \|L\|_{H^1 \to \mathbb{C}}.$$

对希尔伯特空间 $L_0^2(Q)$ 应用 Riesz 表示定理可知, 存在 $(L_0^2(Q))^*$ 中的元素 F^Q 使得对于 $g \in L_0^2(Q)$ 有

$$L(g) = \int_Q F^Q(x) g(x) \mathrm{d}x,$$

且 F^Q 满足

$$\|F^Q\|_{L^2(Q)} \leqslant \|L\|_{L_0^2(Q) \to \mathbb{C}}.$$

因此, 对于 $\mathbb{R}^n$ 中的任意方体 Q, 存在一个紧支集包含于 Q 的平方可积函数 F^Q 使得

$$L(g) = \int_Q F^Q(x) g(x) \mathrm{d}x.$$

注意, 若一个方体 Q 包含于另外一个方体 Q', 则 F^Q 与 $F^{Q'}$ 在 Q 上只相差一个常数. 事实上, 对于 $g \in L_0^2(Q)$, 我们有

$$\int_Q F^{Q'}(x) g(x) \mathrm{d}x = L(g) = \int_Q F^Q(x) g(x) \mathrm{d}x,$$

所以

$$\int_Q (F^{Q'}(x) - F^Q(x)) g(x) \mathrm{d}x = 0,$$

$$g \to \int_Q (F^{Q'}(x) - F^Q(x)) g(x) \mathrm{d}x = 0$$

为 $L_0^2(Q)$ 上的零泛函, 故 $F^{Q'} - F^Q$ 为 $(L_0^2(Q))^*$ 上的零函数, 即 $F^{Q'} - F^Q$ 在 Q 上为常数.

记

$$Q_m = [-m/2, m/2]^n, \quad m = 1, 2, \cdots,$$

则 $|Q_1| = 1$. 我们定义 $\mathbb{R}^n$ 上的一个局部可积函数 $b(x)$ 为

$$b(x) = F^{Q_m}(x) - \frac{1}{|Q_1|} \int_{Q_1} F^{Q_m}(t)\mathrm{d}t,$$

这里 $x \in Q_m$. 下面验证 $b(x)$ 是良定义的. 事实上, 若 $1 \leqslant l < m$, 则对于 $x \in Q_l$,

$$b(x) = F^{Q_l}(x) - \frac{1}{|Q_1|} \int_{Q_1} F^{Q_l}(t)\mathrm{d}t.$$

两种定义的差为

$$F^{Q_m}(x) - F^{Q_l}(x) = \frac{1}{|Q_1|} \int_{Q_1} (F^{Q_m}(t) - F^{Q_l}(t))\mathrm{d}t = 0,$$

这是因为函数 $F^{Q_m}(t) - F^{Q_l}(t)$ 在方体 Q_l 上为常数.

下面证明存在 $\mathbb{R}^n$ 上的局部可积函数 b 使得对于任意方体 Q 都有常数 C_Q 满足

$$F^Q = b - C_Q.$$

给定一个方体 Q, 选取使得 Q 包含于 Q^m 的最小值 m, 且记

$$C_Q = -\frac{1}{|Q_1|} \int_{Q_1} F^{Q_m}(t)\mathrm{d}t + D(Q, Q_m),$$

其中 $D(Q, Q_m)$ 表示函数 $F^{Q_m} - F^Q$ 在方体 Q 上的常数值.

我们已经证明存在局部可积函数 b 使得对于任意方体 Q 和 $g \in L_0^2(Q)$, 有

$$\int_Q b(x)g(x)\mathrm{d}x = \int_Q \left(F^Q(x) + C_Q \right) g(x)\mathrm{d}x = \int_Q F^Q(x)g(x)\mathrm{d}x = L(g), \quad (4.27)$$

最后只需证明 $b \in \mathrm{BMO}(\mathbb{R}^n)$. 由式 (4.24) 和式 (4.26) 可得

$$
\begin{aligned}
\sup_Q \frac{1}{|Q|} \int_Q |b(x) - C_Q| \mathrm{d}x &= \sup_Q \frac{1}{|Q|} \int_Q F^Q(x) \mathrm{d}x \\
&\leqslant \sup_Q |Q|^{-1} |Q|^{\frac{1}{2}} \|F^Q\|_{L^2(Q)} \\
&\leqslant \sup_Q |Q|^{-\frac{1}{2}} \|L\|_{L_0^2(Q) \to \mathbb{C}} \\
&\leqslant c_n \|L\|_{H^1 \to \mathbb{C}} \\
&< \infty.
\end{aligned}
$$

由对偶定理可知: $b \in \mathrm{BMO}(\mathbb{R}^n)$ 且 $\|b\|_{\mathrm{BMO}} \leqslant 2c_n \|L\|_{H^1 \to \mathbb{C}}$.

由式 (4.27) 可知: 对于任意 $g \in H_0(\mathbb{R}^n)$, 都有

$$
L(g) = \int_{\mathbb{R}^n} b(x) g(x) \mathrm{d}x = L_b(g),
$$

这就证明了线性泛函 L 与 L_b 在 $H^1(\mathbb{R}^n)$ 的稠密子集上是一致的, 从而 $L = L_b$. 定理得证. $\qquad\square$

4.4 插 值 定 理

在利用算子插值定理 (如 Marcinkiewicz 插值定理) 时, 我们经常把一个端点取为 L^∞ 到 L^∞ 有界, 本节将证明可以把这个端点减弱为 L^∞ 到 BMO 有界. 为证明此结论, 我们需要下面的引理.

引理 4.4.1 设 $1 \leqslant p_0 < \infty$ 且 $f \in L^{p_0}$, 则对于任意 $\gamma > 0$ 和 $\lambda > 0$, 都有

$$
|\{x \in \mathbb{R}^n : M_{\mathrm{d}} f(x) > 2\lambda, \ M^\sharp f(x) \leqslant \gamma\lambda\}| \leqslant 2^n |\{x \in \mathbb{R}^n : M_{\mathrm{d}} f(x) > \lambda\}|.
$$

证明 不失一般性, 我们可以假设 f 是非负的. 对于固定的 $\gamma > 0$ 和 $\lambda > 0$, 利用 Calderón-Zygmund 分解定理可以将 f 在高度 λ 上分解, 则集合

$\{x \in \mathbb{R}^n : M_{\mathrm{d}}f(x) > \lambda\}$ 可以表示为互不相交的二进方体的并集. 若 Q 是其中一个二进方体, 则只需证明

$$|\{x \in Q : M_{\mathrm{d}}f(x) > 2\lambda, \ M^{\sharp}f(x) \leqslant \gamma\lambda\}| \leqslant 2^n\gamma|Q|.$$

令 $\tilde{Q}$ 表示包含 Q 且边长为其两倍的二进方体, 则由 Q 为二进方体可知: $f_{\tilde{Q}} \leqslant \lambda$. 进一步, 当 $x \in Q$ 且 $M_{\mathrm{d}}f(x) > 2\lambda$ 时, 我们可以得到 $M_{\mathrm{d}}(f\chi_Q)(x) > 2\lambda$, 所以对于这样的 x, 有

$$M_{\mathrm{d}}\left((f - f_{\tilde{Q}})\chi_Q\right)(x) \geqslant M_{\mathrm{d}}(f\chi_Q)(x) - f_{\tilde{Q}} > \lambda.$$

因为 M_{d} 是弱 $(1,1)$ 有界的, 所以

$$
\begin{aligned}
|\{x \in Q : M_{\mathrm{d}}\left((f - f_{\tilde{Q}})\chi_Q\right)(x) > \lambda\}| &\leqslant \frac{1}{\lambda}\int_Q |f - f_{\tilde{Q}}|\mathrm{d}x \\
&\leqslant \frac{2^n|Q|}{\lambda}\frac{1}{|\tilde{Q}|}\int_{\tilde{Q}} |f(x) - f_{\tilde{Q}}|\mathrm{d}x \\
&\leqslant \frac{2^n|Q|}{\lambda}\inf_{x \in Q} M^{\sharp}f(x).
\end{aligned}
$$

若

$$\{x \in Q : M_{\mathrm{d}}f(x) > 2\lambda, \ M^{\sharp}f(x) \leqslant \gamma\lambda\} = \phi,$$

则结论显然成立. 否则, 存在 $x \in Q$ 使得 $M^{\sharp}f(x) \leqslant \gamma\lambda$, 从而结论成立. $\qquad\square$

引理 4.4.1 被称为" 好-λ 不等式", 我们可以利用此引理证明下面的结论.

引理 4.4.2　若 $1 \leqslant p_0 \leqslant p < \infty$ 且 $f \in L^{p_0}$, 则

$$\int_{\mathbb{R}^n} M_{\mathrm{d}}f(x)^p\mathrm{d}x \leqslant C\int_{\mathbb{R}^n} M^{\sharp}f(x)^p\mathrm{d}x,$$

这里 M_{d} 表示二进极大函数.

证明 对于 $N > 0$, 令

$$I_N = \int_0^N p\lambda^{p-1}|\{x \in \mathbb{R}^n : M_\mathrm{d}f(x) > \lambda\}|\mathrm{d}\lambda.$$

因为

$$I_N \leqslant \frac{p}{P_0}N^{p-p_0}\int_0^N p_0\lambda^{p_0-1}|\{x \in \mathbb{R}^n : M_\mathrm{d}f(x) > \lambda\}|\mathrm{d}\lambda,$$

所以 I_N 是有界的. 再由 $f \in L^{p_0}$ 可知: $M_\mathrm{d}f \in L^{p_0}$. 进一步,

$$I_N = 2^p \int_0^{N/2} p\lambda^{p-1}|\{x \in \mathbb{R}^n : M_\mathrm{d}f(x) > \lambda\}|\mathrm{d}\lambda$$

$$\leqslant 2^p \int_0^{N/2} p\lambda^{p-1}(|\{x \in \mathbb{R}^n : M_\mathrm{d}f(x) > 2\lambda, M^\sharp f(x) \leqslant \gamma\lambda\}| +$$

$$|\{x \in \mathbb{R}^n : M^\sharp f(x) > \gamma\lambda\}|)\mathrm{d}\lambda$$

$$\leqslant 2^{p+n}\gamma I_{N/2} + \frac{2^p}{\gamma^p}\int_0^{\gamma N/2} p\lambda^{p-1}|\{x \in \mathbb{R}^n : M^\sharp f(x) > \gamma\lambda\}|\mathrm{d}\lambda.$$

固定 γ 使得 $2^{p+n}\gamma = 1/2$, 则

$$I_N \leqslant \frac{2^{p+1}}{\gamma^p}\int_0^{\gamma N/2} p\lambda^{p-1}|\{x \in \mathbb{R}^n : M^\sharp f(x) > \gamma\lambda\}|\mathrm{d}\lambda.$$

若 $\int (M^\sharp f)^p(x)\mathrm{d}x = \infty$, 则结论显然成立; 否则, 令上式中的 $N \to \infty$, 即可得出结论. □

定理 4.4.1 设 T 是 L^{p_0} 上的一个有界线性算子, 其中 $1 < p_0 < \infty$, 若 T 也是从 L^∞ 到 BMO 有界的, 则对于任意 $p_0 < p < \infty$, 都有 T 在 L^p 上有界.

证明 因为 $M^\sharp$ 和 T 都是 L^{p_0} 上的有界算子, 所以它们的组合 $M^\sharp \circ T$ 是一个次线性算子且在 L^{p_0} 上有界. 因为

$$\|M^\sharp(Tf)\|_\infty = \|Tf\|_* \leqslant C\|f\|_\infty,$$

所以 $M^\sharp \circ T$ 在 L^∞ 上有界. 由 Marcinkiewicz 插值定理可知: $M^\sharp \circ T$ 在 L^p 上有界, 这里 $p_0 < p < \infty$.

若 $f \in L^p$ 具有紧支集, 则 $f \in L^{p_0}$ 且 $Tf \in L^{p_0}$, 所以由引理 4.4.2 可得, $|Tf(x)| \leqslant M_d(Tf)(x)$ a.e. $x \in \mathbb{R}^n$. 故

$$
\begin{aligned}
\int_{\mathbb{R}^n} |Tf(x)|^p \mathrm{d}x &\leqslant \int_{\mathbb{R}^n} M_d(Tf)(x)^p \mathrm{d}x \\
&\leqslant C \int_{\mathbb{R}^n} M^\sharp(Tf)(x)^p \mathrm{d}x \\
&\leqslant C \int_{\mathbb{R}^n} |f(x)|^p \mathrm{d}x.
\end{aligned}
$$
$\square$

4.5　John-Nirenberg 不等式

本节将讨论 BMO 中函数的增长率问题, 证明 BMO 空间中的 John-Nirenberg 不等式.

定理 4.5.1　设 $f \in \mathrm{BMO}$, 则存在常数 $C_1, C_2 > 0$ 使得对于 $\mathbb{R}^n$ 中的任意方体 Q 和任意的 $\lambda > 0$ 都有

$$
|\{x \in Q : |f(x) - f_Q| > \lambda\}| \leqslant C_1 \mathrm{e}^{-C_2 \lambda / \|f\|_*} |Q|.
$$

证明　利用齐次性, 我们可以假设 $\|f\|_* = 1$, 则

$$
\frac{1}{|Q|} \int_Q |f(x) - f_Q| \mathrm{d}x \leqslant 1.
$$

我们可以将 $f - f_Q$ 在 Q 上关于高度 2 进行 Calderón-Zygmund 分解, 从而可以得到一族方体 $\{Q_{1,j}\}$ 使得

$$
2 < \frac{1}{|Q_{1,j}|} \int_{Q_{1,j}} |f(x) - f_Q| \mathrm{d}x \leqslant 2^{n+1},
$$

且当 $x \notin \bigcup_j Q_{1,j}$ 时, 有 $|f(x) - f_Q| \leqslant 2$. 特别地, 我们可以得到

$$\sum_j |Q_{1,j}| \leqslant \frac{1}{2} \int_Q |f(x) - f_Q| \mathrm{d}x \leqslant \frac{1}{2}|Q|$$

和

$$|f_{Q_{1,j}} - f_Q| = \left| \frac{1}{|Q_{1,j}|} \int_{Q_{1,j}} |f(x) - f_Q| \mathrm{d}x \right| \leqslant 2^{n+1}.$$

在每个方体 $Q_{1,j}$ 上, 继续将函数 $f - f_{Q_{1,j}}$ 在 $Q_{1,j}$ 上关于高度 2 进行 Calderón-Zygmund 分解, 我们可以得到一族方体 $\{Q_{1,j,k}\}$, 且有

$$|f_{Q_{1,j,k}} - f_{Q_{1,j}}| \leqslant 2^{n+1},$$

$$|f(x) - f_{Q_{1,j}}| \leqslant 2, \quad x \in Q_{1,j} \setminus \bigcup_k Q_{1,j,k},$$

$$\sum_k |Q_{1,j,k}| \leqslant \frac{1}{2}|Q_{1,j}|.$$

将 $Q_{1,j,k}$ 组成的方体族记作 $\{Q_{2,j}\}$, 则

$$\sum_j |Q_{2,j}| \leqslant \frac{1}{4}|Q|,$$

且当 $x \notin \bigcup_j Q_{2,j}$ 时, 有

$$|f(x) - f_Q| \leqslant |f(x) - f_{Q_{1,j}}| + |f_{Q_{1,j}} - f_Q| \leqslant 2 + 2^{n+1} \leqslant 2 \cdot 2^{n+1}.$$

如此续行, 对于每个 N, 都存在一族互不相交的方体 $\{Q_{N,j}\}$ 使得当 $x \notin \sup_j Q_{N,j}$ 时, 有

$$|f(x) - f_Q| \leqslant N \cdot 2^{n+1}$$

且

$$\sum_j |Q_{N,j}| \leqslant \frac{1}{2^N}|Q|.$$

固定 $\lambda > 2^{n+1}$, 并选取 N 使得 $N \cdot 2^{n+1} \leqslant \lambda < (N+1)2^{n+1}$, 则

$$
\begin{aligned}
|\{x \in Q : |f(x) - f_Q| > \lambda\}| &\leqslant \sum_j |Q_{N,j}| \\
&\leqslant \frac{1}{2^N}|Q| \\
&= \mathrm{e}^{-N\log 2}|Q| \\
&\leqslant \mathrm{e}^{-C_2\lambda}|Q|,
\end{aligned}
$$

其中 $C_2 = \log 2 / 2^{n+2}$. 若 $\lambda < 2^{n+1}$, 则 $C_2\lambda < \log\sqrt{2}$, 所以

$$
|\{x \in Q : |f(x) - f_Q| > \lambda\}| \leqslant |Q| \leqslant \mathrm{e}^{\log\sqrt{2}-C_2\lambda}|Q| = \sqrt{2}\mathrm{e}^{-C_2\lambda}|Q|,
$$

故我们可以取 $C_1 = \sqrt{2}$. $\qquad\square$

利用上面的 John-Nirenberg 不等式, 我们可以得到下面的推论.

推论 4.5.1 对于所有满足 $1 < p < \infty$ 的 p, 都有

$$
\|f\|_{*,p} = \sup_Q \left(\frac{1}{|Q|} \int_Q |f(x) - f_Q|^p \mathrm{d}x \right)^{1/p}
$$

为 BMO 空间上的范数且等价于 $\|\cdot\|_*$.

证明 利用 Hölder 不等式, 我们只需证明 $\|f\|_{*,p} \leqslant C_p\|f\|_*$. 由定理 4.5.1 可得,

$$
\begin{aligned}
\int_Q |f(x) - f_Q|^p \mathrm{d}x &= \int_0^\infty p\lambda^{p-1}|\{x \in Q : |f(x) - f_Q| > \lambda\}|\mathrm{d}\lambda \\
&\leqslant C_1|Q| \int_0^\infty p\lambda^{p-1}\mathrm{e}^{-C_2\lambda/\|f\|_*}\mathrm{d}\lambda.
\end{aligned}
$$

令 $s = C_2\lambda/\|f\|_*$, 则

$$
\frac{1}{|Q|} \int_Q |f(x) - f_Q|^p \mathrm{d}x \leqslant C_1 p \left(\frac{\|f\|_*}{C_2} \right)^p \int_0^\infty s^{p-1}\mathrm{e}^{-s}\mathrm{d}x
$$

$$= C_1 p C_2^{-p} \Gamma(p) \|f\|_*^p,$$

从而结论得证. □

因为

$$\int_Q e^{\lambda|f(x)-f_Q|} dx = \int_0^\infty \lambda e^{\lambda t} |\{x \in Q : |f(x) - f_Q| > t\}| dt,$$

所以我们还可以得到下面的结论.

推论 4.5.2 给定 $f \in \mathrm{BMO}$, 存在 $\lambda > 0$ 使得对于任意的方体 Q, 都有

$$\frac{1}{|Q|} \int_Q e^{\lambda|f(x)-f_Q|} dx < \infty.$$

在推论 4.5.1 的证明中, 令 $p = 1$, 则有下面的逆 John-Nirenberg 不等式.

推论 4.5.3 给定一个函数 f, 若存在常数 $C_1, C_2, K > 0$ 使得对于任意的方体 Q 和常数 $\lambda > 0$ 都有

$$|\{x \in Q : |f(x) - f_Q| > \lambda\}| \leqslant C_1 e^{-C_2\lambda/K} |Q|,$$

则 $f \in \mathrm{BMO}$.

习 题 4

1. 设 v 是一个有界分布, $h_1, h_2 \in \mathscr{S}(\mathbb{R}^n)$, 则

$$(h_1 * h_2) * v = h_1 * (h_2 * v).$$

2. (1) 证明 H^1 范数关于伸缩 $f_t(x) = t^{-n} f(t^{-1}x)$ 保持不变.

(2) 证明 H^p 范数关于伸缩 $f_t(x) = t^{-n/p} f(t^{-1}x)$ 在分布意义下保持不变.

3. 设 P_t 是 Poisson 核, 证明: 对于任意的有界缓增分布 f, 在分布意义下都有

$$P_t * f \to f, \quad t \to 0.$$

4. 设 $0 < p < \infty$, 证明: 有界缓增分布 $f \in H^p(\mathbb{R}^n)$ 当且仅当它的非切 Poisson 极大函数

$$M_1^*(f,p)(x) = \sup_{t>0} \sup_{\substack{y\in\mathbb{R}^n \\ |y-x|\leqslant t}} |(P_t * f)(y)|$$

属于 $L^p(\mathbb{R}^n)$, 进一步, 我们有 $\|f\|_{H^p} \approx \|M_1^*(f,p)\|_{L^p}$.

5. 设 $1 < q \leqslant \infty$, $g \in L^q(\mathbb{R}^n)$ 是一个具有紧支集且积分为零的函数, 证明: $g \in H^1(\mathbb{R}^n)$.

6. 设 Φ 是 $\mathbb{R}^n$ 上的一个光滑函数且紧支集包含在单位球内, 令 $a(x)$ 为 $H^p(\mathbb{R}^n)$ 中的一个 L^2 原子, 其中 $p < 1$, 证明: $M_\Phi^*(f) \in L^p(\mathbb{R}^n)$.

7. 设 f 是直线上的一个可积函数且傅里叶变换的紧支集包含于 $[0,\infty)$, 证明: $f \in H^1(\mathbb{R}^n)$.

8. (1) 设 h 是定义在直线上的一个函数, 且 h 和 xh 都属于 $L^2(\mathbb{R})$, 证明: h 在直线上可积且

$$\|h\|_{L^1}^2 \leqslant 8\|h\|_{L^2}\|xh(x)\|_{L^2}.$$

(2) 假设 g 是直线上的一个可积函数且积分为零, 如果 g 和 xg 都属于 $L^2(\mathbb{R})$, 证明: $g \in H^1(\mathbb{R})$ 且存在常数 $C > 0$ 使得

$$\|g\|_{H^1}^2 \leqslant C\|g\|_{L^2}\|xg(x)\|_{L^2}.$$

9. 证明: BMO 空间是完备的.

10. 证明: 当 $0 < \alpha \leqslant 1$ 时,

$$\||f|^\alpha\|_{\mathrm{BMO}} \leqslant 2\|f\|_{\mathrm{BMO}}^\alpha.$$

11. 设 $a > 1$, 令 B 表示 $\mathbb{R}^n$ 中的一个球或者方体, aB 表示球心 (或者中心) 与 B 相同且半径 (或者边长) 为其 a 倍的球或者方体, 证明: 对于 $f \in \mathrm{BMO}$, 存在一个只依赖于维数 n 的常数 C_n 使得

$$|f_{aB} - f_B| \leqslant C_n \ln(a+1)\|f\|_{\mathrm{BMO}}.$$

12. 设 b_N $(N = 1, 2, \cdots)$ 是 $\mathbb{R}^n$ 上的一列 BMO 函数且满足

$$\sup_{N \geqslant 1} \|b_N\|_{\mathrm{BMO}} = C < \infty,$$

假设 $b_N(x) \to b(x)$ a.e. $x \in \mathbb{R}^n$, 证明: $b \in \mathrm{BMO}(\mathbb{R}^n)$ 且 $\|b\|_{\mathrm{BMO}} \leqslant 2C$.

13. 我们称 $\mathbb{R}^n$ 上的一个局部可积函数 f 属于二进 BMO 空间 $\mathrm{BMO}_d(\mathbb{R}^n)$, 如果

$$\|f\|_{\mathrm{BMO}_d} = \sup_{\text{二进方体} Q} \frac{1}{|Q|} \int_Q |f(x) - f_B| \mathrm{d}x < \infty,$$

证明: $\mathrm{BMO} \subset \mathrm{BMO}_d$.

14. 设 $0 < p_0 < \infty$, 一个局部可积函数 f 的二进极大函数 $M_d(f) \in L^{p_0, \infty}(\mathbb{R}^n)$, 证明: 当 $p \in (p_0, \infty)$ 时, 存在一个常数 $C_n(p)$ 使得

$$\|f\|_{L^p} \leqslant \|M_d(f)\|_{L^p} \leqslant C_n(p)\|M^\sharp(f)\|_{L^p},$$

其中 $C_n(p)$ 只依赖于 n, p.

15. 给定 $b \in \mathrm{BMO}$, 令 L_b 为

$$L_b(g) = \int_{\mathbb{R}^n} g(x) b(x) \mathrm{d}x, \quad g \in H_0^1(\mathbb{R}^n),$$

证明:

$$\|b\|_{\mathrm{BMO}} \approx \sup_{\|f\|_{H^1} \leqslant 1} |L_b(f)|,$$

且对于给定的 $f \in H^1(\mathbb{R}^n)$,

$$\|f\|_{H^1} \approx \sup_{\|b\|_{\mathrm{BMO}} \leqslant 1} |L_b(f)|.$$

16. 设 u 是 $\mathbb{R}^n$ 上的一个局部可积函数且紧支集包含于方体 Q, 证明: 若 u 对于任意在 Q 上积分为零的平方可积函数 g 都有

$$\int_Q u(x)g(x)\mathrm{d}x = 0,$$

则 u 几乎处处等于常数.

17. 设 $1 < q < p < \infty$, 证明: 存在常数 $C_{n,p,q} > 0$, 使得对于所有 $\mathbb{R}^n$ 上满足 $M_{\mathrm{d}}(f) \in L^q(\mathbb{R}^n)$ 的函数 f 都有

$$\|f\|_{L^p} \leqslant C_{n,p,q} \|f\|_{L^q}^{1-\theta} \|f\|_{\mathrm{BMO}}^\theta,$$

其中 $\dfrac{1}{p} = \dfrac{1-\theta}{q}$.

18. 设 f 是 $\mathbb{R}^n$ 上的一个局部可积函数, 如果存在常数 b 和 m 使得对于所有 $\mathbb{R}^n$ 中的方体 Q 和 $0 < p < \infty$ 都有

$$\alpha|\{x \in Q : |f(x) - f_Q| > \alpha\}|^{1/p} \leqslant bp^m|Q|^{1/p},$$

证明: f 满足估计

$$|\{x \in Q : |f(x) - f_Q| > \alpha\}| \leqslant |Q|\mathrm{e}^{-c\alpha^{1/m}},$$

这里 $c = (2b)^{-1/m}\ln 2$.

第 5 章 Littlewood-Paley 理论和乘子定理

本章将介绍 Littlewood-Paley 理论. Littlewood-Paley 理论最早是在利用复分析理论研究傅里叶级数的时候得到的, 后来随着实变理论的发展逐渐脱离了复分析理论. Littlewood-Paley 理论主要考查傅里叶变换在 $L^p(\mathbb{R}^n)$ 和其他空间中的正交性. 我们将利用 Littlewood-Paley 理论来证明傅里叶乘子定理.

5.1 Littlewood-Paley 理论

为了引入 Littlewood-Paley 理论, 我们首先来定义 Littlewood-Paley 算子.

定义 5.1.1 设 Φ 为 $\mathbb{R}^n$ 上的一个可积函数, 对于 $j \in \mathbb{Z}$, 我们定义与 Φ 相关的 Littlewood-Paley 算子 Δ_j 为

$$\Delta_j(f) = f * \Phi_{2^{-j}},$$

这里 $\Phi_{2^{-j}}(x) = 2^{jn}\Phi(2^j x)$.

Littlewood-Paley 算子的定义依赖于函数 Φ, 在实际应用的过程中, 我们经常选择 Φ 作为傅里叶变换具有紧支集的光滑函数. 因为 $\widehat{\Phi_{2^{-j}}}(\xi) = \hat{\Phi}(2^{-j}\xi)$, 所以当 $\hat{\Phi}$ 的紧支集为 $0 < c_1 < |\xi| < c_2 < \infty$ 时, Δ_j 的傅里叶变换具有紧支集, 且该紧支集为 $c_1 2^j < |\xi| < c_2 2^j$, 也就是说, $|\xi| \approx 2^j$.

与 Littlewood-Paley 算子 Δ_j 相关的平方函数为

$$f \mapsto \left(\sum_{j\in\mathbb{Z}} |\Delta_j(f)|^2\right)^{\frac{1}{2}}.$$

关于平方函数, 我们有下面的结论.

定理 5.1.1　设 $\varPhi$ 是 $\mathbb{R}^n$ 上的一个一阶可微的可积函数, 满足均值为零且

$$|\varPhi(x)| + |\nabla\varPhi(x)| \leqslant B(1 + |x|)^{-n-1},$$

则存在常数 $C_n > 0$, 使得对于所有 $1 < p < \infty$ 和 $f \in L^p(\mathbb{R}^n)$, 有

$$\left\| \left(\sum_{j \in \mathbb{Z}} |\Delta_j(f)|^2 \right)^{\frac{1}{2}} \right\|_p \leqslant c_n B \max\{p, (p-1)^{-1}\} \|f\|_p, \tag{5.1}$$

存在常数 $c_n' > 0$, 使得对于所有 $f \in L^1(\mathbb{R}^n)$, 有

$$\left\| \left(\sum_{j \in \mathbb{Z}} |\Delta_j(f)|^2 \right)^{\frac{1}{2}} \right\|_{L^{1,\infty}} \leqslant c_n' B \|f\|_1. \tag{5.2}$$

反之, 若 $\varPhi$ 是一个满足 $\hat{\varPhi}(0) = 0$ 的 Schwartz 函数, 且

$$\sum_{j \in \mathbb{Z}} |\hat{\varPhi}(2^{-j}\xi)|^2 = 1, \quad \xi \in \mathbb{R}^n \setminus \{0\},$$

或者 $\hat{\varPhi}$ 的紧支集不包含原点且

$$\sum_{j \in \mathbb{Z}} \hat{\varPhi}(2^{-j}\xi) = 1, \quad \xi \in \mathbb{R}^n \setminus \{0\},$$

则存在常数 $C_{n,\varPhi} > 0$ 使得对于任意满足

$$\left(\sum_{j \in \mathbb{Z}} |\Delta_j(f)|^2 \right)^{\frac{1}{2}}$$

属于某个 $L^p(\mathbb{R}^n)$, $1 < p < \infty$ 的 $f \in \mathscr{S}'(\mathbb{R}^n)$, 都存在唯一的多项式 Q 使得缓增分布 $f\text{-}Q$ 对应到一个 L^p 函数, 且

$$\|f - Q\|_p \leqslant C_{n,\varPhi} B \max\{p, (p-1)^{-1}\} \left\| \left(\sum_{j \in \mathbb{Z}} |\Delta_j(f)|^2 \right)^{\frac{1}{2}} \right\|_p. \tag{5.3}$$

当 $g \in L^p(\mathbb{R}^n)$, $1 < p < \infty$ 时,

$$\|g\|_p \approx \left\| \left(\sum_{j \in \mathbb{Z}} |\Delta_j(g)|^2 \right)^{\frac{1}{2}} \right\|_p . \tag{5.4}$$

证明 首先证明 $p = 2$ 的情况. 由 Plancherel 等式可知: 我们只需证明存在常数 $c_n > 0$ 使得

$$\sum_j |\hat{\Phi}(2^{-j}\xi)|^2 \leqslant c_n B^2 . \tag{5.5}$$

因为 Φ 满足均值为零, 所以

$$\hat{\Phi}(\xi) = \int_{\mathbb{R}^n} \Phi(x) \mathrm{e}^{-2\pi \mathrm{i} x \xi} \mathrm{d}x = \int_{\mathbb{R}^n} \Phi(x)(\mathrm{e}^{-2\pi \mathrm{i} x \xi} - 1) \mathrm{d}x .$$

故

$$|\hat{\Phi}(\xi)| \leqslant \sqrt{4\pi|\xi|} \int_{\mathbb{R}^n} |x|^{\frac{1}{2}} |\Phi(x)| \mathrm{d}x \leqslant c_n B |\xi|^{\frac{1}{2}} . \tag{5.6}$$

当 $\xi \neq 0$ 时, 对于 $k = 1, 2, \cdots, n$, 令 j 为满足 $|\xi_j| \geqslant |\xi_k|$ 的指标. 利用分部积分公式可以得到

$$\hat{\Phi}(\xi) = -\int_{\mathbb{R}^n} \Phi(x)(-2\pi \mathrm{i}\xi_j)^{-1} \mathrm{e}^{-2\pi \mathrm{i} x \xi} (\partial_j \Phi)(x) \mathrm{d}x ,$$

所以

$$|\hat{\Phi}(\xi)| \leqslant \sqrt{n} |\xi|^{-1} \int_{\mathbb{R}^n} |\nabla \Phi(x)| \mathrm{d}x \leqslant c_n B |\xi|^{-1} . \tag{5.7}$$

将式 (5.5) 中的和式分成 $2^{-j}|\xi| \leqslant 1$ 和 $2^{-j}|\xi| > 1$ 两部分, 并分别用式 (5.6) 和式 (5.7) 证明 $p = 2$ 的情形.

下面考虑 $p \neq 2$ 的情况. 我们定义算子 $\vec{T}$, 它作用在定义域为 $\mathbb{R}^n$ 的函数上, 具体形式如下:

$$\vec{T}(f)(x) = \{\Delta_j(f)\}_j .$$

为了证明结论, 我们只需证明 $\vec{T}$ 是从 $L^p(\mathbb{R}^n, \mathbb{C})$ 到 $L^p(\mathbb{R}^n, l^2)$ 有界的, 也是从 $L^1(\mathbb{R}^n, \mathbb{C})$ 到 $L^{1,\infty}(\mathbb{R}^n, l^2)$ 有界的. 注意, 算子 $\vec{T}$ 可以写为

$$\vec{T}(f)(x) = \left\{ \int_{\mathbb{R}^n} \Phi_{2^{-j}}(x-y) f(y) \mathrm{d}y \right\}_j = \int_{\mathbb{R}^n} \vec{K}(x-y) f(y) \mathrm{d}y,$$

其中 $\vec{K}(x)$ 是从 $\mathbb{C}$ 到 l^2 的有界线性算子, 表达式为

$$\vec{K}(x)(a) = \{ \Phi_{2^{-j}}(x)(a) \}_j.$$

显然,

$$\|\vec{K}(x)\|_{\mathbb{C} \to l^2} = \left(\sum_j |\Phi_{2^{-j}}(x)|^2 \right)^{\frac{1}{2}}.$$

为了利用向量值奇异积分算子理论, 我们需要验证

$$\|\vec{K}(x)\|_{\mathbb{C} \to l^2} \leqslant C_n B |x|^{-n}, \tag{5.8}$$

$$\lim_{\varepsilon \to 0} \int_{\varepsilon \leqslant |y| \leqslant 1} \vec{K}(y) \mathrm{d}y = \left\{ \int_0^1 \Phi_{2^j}(y) \mathrm{d}y \right\}_{j \in \mathbb{Z}}, \tag{5.9}$$

$$\sup_{y \neq 0} \int_{|x| > 2|y|} \|\vec{K}(x-y) - \vec{K}(x)\|_{\mathbb{C} \to l^2} \leqslant C_n B. \tag{5.10}$$

式 (5.8) 和式 (5.9) 的证明是平凡的, 下面证明式 (5.10).

因为 $\Phi \in C^1(\mathbb{R}^n)$, 所以当 $|x| \geqslant 2|y|$ 时, 存在 $\theta \in [0,1]$ 使得

$$|\Phi_{2^{-j}}(x-y) - \Phi_{2^{-j}}(x)|$$

$$\leqslant 2^{(n+1)j} |\nabla \Phi(2^j(x - \theta y))| |y|$$

$$\leqslant B \cdot 2^{(n+1)j} (1 + 2^j |x - \theta y|)^{-(n+1)} |y|$$

$$\leqslant B \cdot 2^{nj} (1 + 2^{j-1} |x|)^{-(n+1)} 2^j |y|,$$

其中最后一步用到了 $|x - \theta y| \geqslant \dfrac{1}{2}|x|$. 我们还可以得到,

$$|\Phi_{2^{-j}}(x - y) - \Phi_{2^{-j}}(x)|$$

$$\leqslant 2^{nj}|\Phi(2^j(x - y))| + 2^{nj}|\Phi(2^j x)|$$

$$\leqslant B \cdot 2^{nj}(1 + 2^j|x|)^{-(n+1)} + B \cdot 2^{nj}(1 + 2^{j-1}|x|)^{-(n+1)}$$

$$\leqslant 2B \cdot 2^{nj}(1 + 2^{j-1}|x|)^{-(n+1)}.$$

对 $|\Phi_{2^{-j}}(x - y) - \Phi_{2^{-j}}(x)|$ 取几何平均可得: 对于任意 $\gamma \in [0, 1]$,

$$|\Phi_{2^{-j}}(x - y) - \Phi_{2^{-j}}(x)| \leqslant 2^{1-\gamma}2^{nj}B(2^j|y|)^\gamma(1 + 2^{j-1}|x|)^{-(n+1)},$$

从而当 $|x| \geqslant 2|y|$ 时, 有

$$\|\vec{K}(x - y) - \vec{K}(x)\|_{\mathbb{C} \to l^2}$$

$$= \left(\sum_{j \in \mathbb{Z}} |\Phi_{2^{-j}}(x - y) - \Phi_{2^{-j}}(x)|^2\right)^{\frac{1}{2}}$$

$$\leqslant \sum_{j \in \mathbb{Z}} |\Phi_{2^{-j}}(x - y) - \Phi_{2^{-j}}(x)|$$

$$\leqslant 2^{nj}|\Phi(2^j(x - y))| + 2^{nj}|\Phi(2^j x)|$$

$$\leqslant 2B\left(|y|\sum_{2^j < \frac{2}{|x|}} 2^{(n+1)j} + |y|^{\frac{1}{2}}\sum_{2^j \geqslant \frac{2}{|x|}} 2^{(n+1)j}(2^{j-1}|x|)^{-(n+1)}\right)$$

$$\leqslant C_n B(|y||x|^{-(n+1)} + |y|^{\frac{1}{2}}|x|^{-n-\frac{1}{2}}).$$

将上式在区域 $\{(x, y) : |x| \geqslant 2|y|\}$ 上积分可得式 (5.10), 从而利用向量值奇异积分理论可得式 (5.1) 和式 (5.2).

下面我们来考虑相反方向. 令 Δ_j^* 为算子 Δ_j 的共轭算子, 定义为 $\widehat{\Delta_j^* f} = \widehat{\overline{f \Phi_{2^{-j}}}}$. 若 f 是一个缓增分布, 则级数 $\sum_{j \in \mathbb{Z}} \Delta_j^* \Delta_j(f)$ 在 $\mathscr{S}'(\mathbb{R}^n)$ 中收敛. 事实上,

我们只需证明级数的部分和 $u_N \sum\limits_{|j| \leqslant N} \Delta_j^* \Delta_j(f)$ 在 $\mathscr{S}'(\mathbb{R}^n)$ 中收敛即可. 为此, 我们取 $g \in \mathscr{S}(\mathbb{R}^n)$, 下证 $u_N(f)$ 是一个柯西列. 利用对偶定理和 Hölder 不等式可知: 当 $M > N$ 时, 有

$$|\langle u_N, g \rangle - \langle u_M, g \rangle| \leqslant \left\| \left(\sum_j |\Delta_j(f)|^2 \right)^{\frac{1}{2}} \right\|_p \left\| \left(\sum_{N \leqslant |j| \leqslant M} |\Delta_j(g)|^2 \right)^{\frac{1}{2}} \right\|_{p'}.$$

存在 $N_0(g)$ 使得当 $M > N \geqslant N_0(g)$ 时, $|\langle u_N, g \rangle - \langle u_M, g \rangle|$ 充分小. 因为序列 $\langle u_N, g \rangle$ 是一个柯西列, 所以存在 $\Lambda(g)$ 使得 $\langle u_N, g \rangle$ 收敛到 $\Lambda(g)$. 最后我们只需证明 $\Lambda(g)$ 是一个缓增分布.

显然, $\Lambda(g)$ 是一个线性泛函且

$$|\Lambda(g)| \leqslant \left\| \left(\sum_j |\Delta_j(f)|^2 \right)^{\frac{1}{2}} \right\|_p \left\| \left(\sum_j |\Delta_j(g)|^2 \right)^{\frac{1}{2}} \right\|_{p'}$$

$$\leqslant C_{p'} \left\| \left(\sum_j |\Delta_j(f)|^2 \right)^{\frac{1}{2}} \right\|_p \|g\|_{p'}.$$

因为 $\|g\|_{p'}$ 可以由 g 的有限个半范数控制, 所以 Λ 是一个缓增分布且为级数 $\sum\limits_j \Delta_j^* \Delta_j$ 在分布意义下的极限.

缓增分布 $f - \sum\limits_j \Delta_j^* \Delta_j(f)$ 的傅里叶变换紧支集为 $\{0\}$, 从而存在多项式 Q 使得 $f - Q = \sum\limits_j \Delta_j^* \Delta_j(f)$. 设 $g \in \mathscr{S}(\mathbb{R}^n)$, 我们有

$$|\langle f - Q, \bar{g} \rangle| = \left| \left\langle \sum_j \Delta_j^* \Delta_j(f), \bar{g} \right\rangle \right|$$

$$= \left| \sum_j \langle \Delta_j^* \Delta_j(f), \bar{g} \rangle \right|$$

$$= \left| \sum_j \langle \Delta_j(f), \overline{\Delta_j(g)} \rangle \right|$$

$$= \left| \int_{\mathbb{R}^n} \sum_j \Delta_j(f), \overline{\Delta_j(g)} \mathrm{d}x \right|$$

$$\leqslant \int_{\mathbb{R}^n} \left(\sum_j |\Delta_j(f)|^2 \right)^{\frac{1}{2}} \left(\sum_j |\Delta_j(g)|^2 \right)^{\frac{1}{2}} \mathrm{d}x$$

$$\leqslant \left\| \left(\sum_j |\Delta_j(f)|^2 \right)^{\frac{1}{2}} \right\|_p \left\| \left(\sum_j |\Delta_j(g)|^2 \right)^{\frac{1}{2}} \right\|_{p'}$$

$$\leqslant \left\| \left(\sum_j |\Delta_j(f)|^2 \right)^{\frac{1}{2}} \right\|_p C_n B \max\{p', (p'-1)^{-1}\} \|g\|_{p'}.$$

将上式关于 $\{g : \|g\|_{p'} \leqslant 1\}$ 取上确界, 我们可以得到 $f - Q$ 是 $L^{p'}(\mathbb{R}^n)$ 上的一个有界线性泛函. 由 Riesz 表示定理可知: $f - Q$ 对应于一个 L^p 函数且其范数满足估计式

$$\|f - Q\|_p \leqslant C_n B \max\{p, (p-1)^{-1}\} \left\| \left(\sum_j |\Delta_j(f)|^2 \right)^{\frac{1}{2}} \right\|_p.$$

下面我们来证明 Q 的唯一性. 若存在多项式 Q_1 使得 $f - Q_1 \in L^p(\mathbb{R}^n)$, 则 $Q - Q_1 \in L^p(\mathbb{R}^n)$, 但是 $L^p(\mathbb{R}^n)$ 中唯一的多项式为零, 所以 $Q = Q_1$. 这就完成了反方向的证明. 式 (5.4) 类似可证. $\square$

5.2 乘 子 定 理

本节将利用上一节建立的 Littlewood-Paley 理论来证明乘子定理. 首先, 我们给出乘子的定义.

定义 5.2.1 给定一个函数 m, 若算子 T_m 满足

$$(T_m f)^\wedge = m\hat{f},$$

则称 T_m 为一个乘子.

一个自然的问题是: 当 m 满足什么条件时, T_m 在 $L^p(\mathbb{R}^n)$, $1 \leqslant p \leqslant \infty$ 上有界? 为了讨论这个问题, 我们引入 Sobolev 空间.

定义 5.2.2　Sobolev 空间 $L_\alpha^2(\mathbb{R}^n)$ 为满足

$$(1 + |\xi|^2)^{\alpha/2} \hat{g}(\xi) \in L^2(\mathbb{R}^n)$$

的函数 g 所构成的集合, 其范数定义为

$$\|g\|_{L_\alpha^2} = \|(1 + |\xi|^2)^{\alpha/2} \hat{g}(\xi)\|_2.$$

易知, 当 $\alpha' < \alpha$ 时, $L_\alpha^2(\mathbb{R}^n) \subset L_{\alpha'}^{2}(\mathbb{R}^n)$. 关于 Sobolev 空间, 我们有下面的结论.

命题 5.2.1　若 $\alpha > n/2$ 且 $g \in L_\alpha^2(\mathbb{R}^n)$, 则 $\hat{g} \in L^1(\mathbb{R}^n)$, 特别地, g 是连续和有界的.

证明　因为

$$(1 + |\xi|^2)^{\alpha/2} \hat{g}(\xi) \doteq h(\xi) \in L^2(\mathbb{R}^n),$$

所以

$$\int_{\mathbb{R}^n} |\hat{g}(\xi)| d\xi \leqslant \left(\int_{\mathbb{R}^n} |h(\xi)|^2 d\xi \right)^{\frac{1}{2}} \left(\int_{\mathbb{R}^n} \frac{d\xi}{(1 + |\xi|^2)^\alpha} \right)^{\frac{1}{2}} \leqslant C_\alpha \|g\|_{L_\alpha^2}. \qquad \square$$

由命题 5.2.1 可知, 当 $m \in L_\alpha^2(\mathbb{R}^n)$ 且 $\alpha > n/2$ 时, m 是 $L^p(\mathbb{R}^n)$, $1 \leqslant p \leqslant \infty$ 上的一个乘子. 事实上, 当 $(Tf)^\wedge = m\hat{f}$ 时, $Tf = f * K$, 其中 $K \in L^1(\mathbb{R}^n)$. Hömander 乘子定理给出了一个更弱的条件, 为了证明该结论, 我们需要下面的引理.

引理 5.2.1 设 $m \in L_\alpha^2(\mathbb{R}^n)$ 且 $\alpha > n/2$, 对于 $\lambda > 0$, 定义算子 T_λ 为 $(T_\lambda f)^\wedge(\xi) = m(\lambda \xi)\hat{f}(\xi)$, 则

$$\int_{\mathbb{R}^n} |T_\lambda f(x)|^2 u(x)\mathrm{d}x \leqslant C \int_{\mathbb{R}^n} |f(x)|^2 Mu(x)\mathrm{d}x,$$

这里的常数 C 不依赖于 u 和 λ, M 表示 Hardy-Littlewood 极大算子.

证明 若 $\hat{K} = m$, 则由假设条件可知: $(1+|x|^2)^{\alpha/2}K(x) = R(x) \in L^2(\mathbb{R}^n)$ 且 T_λ 的积分核为 $\lambda^{-n}K(\lambda^{-1}x)$. 所以由 Cauchy-Schwarz 不等式及 $\|R\|_2 = \|m\|_{L_\alpha^2}$ 可得

$$\begin{aligned}
\int_{\mathbb{R}^n} |T_\lambda f(x)|^2 u(x)\mathrm{d}x &= \int_{\mathbb{R}^n} \left|\int_{\mathbb{R}^n} \frac{\lambda^{-n}R(\lambda^{-1}(x-y))}{(1+|\lambda^{-1}(x-y)|^2)^{\alpha/2}} f(y)\mathrm{d}y\right|^2 u(x)\mathrm{d}x \\
&\leqslant \|m\|_{L_\alpha^2}^2 \int_{\mathbb{R}^n} \int_{\mathbb{R}^n} \frac{\lambda^{-n}|f(y)|^2}{1+|\lambda^{-1}(x-y)|^{2\alpha}} u(x)\mathrm{d}y u(x)\mathrm{d}x \\
&\leqslant C_\alpha \|m\|_{L_\alpha^2}^2 \int_{\mathbb{R}^n} |f(y)|^2 Mu(y)\mathrm{d}y,
\end{aligned}$$

其中最后一步用到了恒等逼近的结论, 因为 $(1+|x|^2)^{-\alpha}$ 是一个径向单调且可积的函数. $\square$

为了叙述 Hömander 乘子定理, 令 $\psi \in C^\infty$ 为一个径向函数且紧支集包含在 $1/2 \leqslant |\xi| \leqslant 2$ 中. 进一步, 我们还可以要求 ψ 满足

$$\sum_{j=-\infty}^{\infty} |\psi(2^{-j})\xi|^2 = 1, \quad \xi \neq 0.$$

下面介绍 Hömander 乘子定理.

定理 5.2.1 设函数 m 对于某个 $\alpha > n/2$ 有

$$\sup_j \|m(2^j \cdot)\psi\|_{L_\alpha^2} < \infty,$$

则与乘子 m 相关的算子 T 在 $L^p(\mathbb{R}^n)$ 上有界, 其中 $1 < p < \infty$.

证明　利用 Littlewood-Paley 理论, 我们定义一族算子 $\{\Delta_j\}$, 它满足 $(\Delta_j f)^\wedge(\xi) = \psi(2^{-j}\xi)\hat{f}(\xi)$. 令 $\tilde{\psi}$ 为另外一个光滑函数, 其紧支集包含于 $1/4 \leqslant |\xi| \leqslant 4$ 且在 $1/2 \leqslant |\xi| \leqslant 2$ 上等于 1. 若定义 $(\tilde{S}_j f)^\wedge(\xi) = \tilde{\psi}(2^{-j}\xi)\hat{f}(\xi)$, 则 $S_j\tilde{S}_j = S_j$ 且 $\{\tilde{S}_j\}$ 满足 Littlewood-Paley 定理, 所以

$$\|Tf\|_p \leqslant C \left\| \left(\sum_j |S_j Tf|^2 \right)^{\frac{1}{2}} \right\|_p = C \left\| \left(\sum_j |S_j T\tilde{S}_j f|^2 \right)^{\frac{1}{2}} \right\|_p.$$

因为与 $S_j T$ 相关的乘子为 $\psi(2^{-j}\xi)m(\xi)$, 所以由假设条件以及引理 5.2.1 可得

$$\int_{\mathbb{R}^n} |S_j Tf|^2 u \leqslant C \int_{\mathbb{R}^n} |f|^2 Mu,$$

这里 C 不依赖于 j. 故当 $p > 2$ 时, 我们有

$$\left\| \left(\sum_j |S_j Tg_j|^2 \right)^{\frac{1}{2}} \right\|_p \leqslant C \left\| \left(\sum_j |g_j|^2 \right)^{\frac{1}{2}} \right\|_p.$$

因此,

$$\|Tf\|_p \leqslant C \left\| \left(\sum_j |\tilde{S}_j f|^2 \right)^{\frac{1}{2}} \right\|_p \leqslant C\|f\|_p, \quad p > 2.$$

利用对偶定理, 我们可以得到 $p < 2$ 的情况.　　　　□

我们经常用到的 Hömander 乘子定理的形式如下.

推论 5.2.1　令 $k = [n/2] + 1$, 若除了原点之外, $m \in C^k$ 且对于 $|\beta| \leqslant k$,

$$\sup_R R^{|\beta|} \left(\frac{1}{R^n} \int_{R<|\xi|<2R} |D^\beta m(\xi)|^2 \mathrm{d}\xi \right)^{\frac{1}{2}} < \infty,$$

则 m 是 $L^p(\mathbb{R}^n)$, $1 < p < \infty$ 上的一个乘子. 特别地, 若

$$|D^\beta m(\xi)| \leqslant C|\xi|^{-|\beta|}, \quad |\beta| \leqslant k,$$

则 m 是 $L^p(\mathbb{R}^n)$, $1 < p < \infty$ 上的一个乘子.

证明 在已知条件下, 我们作变量替换 $\xi \to R\xi$, 并利用

$$D^\beta m(R\cdot)(\xi) = R^{|\beta|}(D^\beta m)(R\xi),$$

则有

$$\sup_R \left(\int_{1<|\xi|<2} |D^\beta m(R\cdot)(\xi)|^2 \mathrm{d}\xi \right)^{\frac{1}{2}} \leqslant C.$$

因为

$$D^\beta(m(2^j\cdot)\psi)(\xi) = \sum_{|\gamma|\leqslant|\beta|} C_{\gamma,\beta} D^\gamma m(2^j\cdot) D^{\beta-\gamma}\psi,$$

$$|D^\beta \psi| \leqslant C,$$

所以

$$\|m(2^j\cdot)\psi\|_{L^2_\alpha} < \infty,$$

由定理 5.2.1 可证结论. $\qquad\qquad\square$

下面我们给出几个 Hömander 乘子的例子.

例 1 (1) $m(\xi) = |\xi|^{it}$ 满足推论 5.2.1 的条件, 从而 m 为 $L^p(\mathbb{R}^n)$ 上的一个 Hömander 乘子;

(2) 若 m 是一个 0 次齐次的函数且在单位球面上满足 $m \in C^k$, 其中 $k > [n/2]$, 则 m 为 $L^p(\mathbb{R}^n)$ 上的一个 Hömander 乘子.

Marcinkiewicz 乘子定理是 Littlewood-Paley 理论的另一个应用, 我们下面对其加以证明, 首先考虑一维的情况.

定理 5.2.2 设 m 是 $\mathbb{R}$ 上的一个有界函数, 且在二进区间上具有一致的变差, 则 m 是 $L^p(\mathbb{R})$, $1 < p < \infty$ 上的一个乘子.

证明　给定一个二进区间 I_j, 令 T_j 为与乘子 $m\chi_{I_j}$ 相关的算子. 不失一般性, 我们可以假设 $I_j = (2^j, 2^{j+1})$ 和 m 在 $\mathbb{R} \setminus \{0\}$ 上右连续. 对于 $\xi \in I_j$, 我们有

$$(m\chi_{I_j})(\xi) = m(2^j) + \int_{2^j}^{\xi} \mathrm{d}m(t),$$

从而

$$T_j f(x) = m(2^j) \Delta_j f(x) + \int_{2^j}^{2^{j+1}} \Delta_{t,2^{j+1}} f(x) \mathrm{d}m(t),$$

其中 $\Delta_{t,2^{j+1}}$ 表示与乘子 $\chi_{[t,2^{j+1}]}$ 相关的算子. 由 Minkowski 不等式可知: T_j 在 $L^2(\mathbb{R})$ 上有界且其界仅依赖于 m 的 L^∞ 范数和 m 在 I_j 上的全变差. 因此, 由 Littlewood-Paley 理论可知, 与乘子 m 相关的算子 T 满足

$$
\begin{aligned}
\|Tf\|_p &\leqslant C \left\| \left(\sum_j |\Delta_j Tf|^2 \right)^{\frac{1}{2}} \right\|_p \\
&= C \left\| \left(\sum_j |T_j \Delta_j f|^2 \right)^{\frac{1}{2}} \right\|_p \\
&\leqslant C \left\| \left(\sum_j |\Delta_j f|^2 \right)^{\frac{1}{2}} \right\|_p \\
&\leqslant C \|f\|_p.
\end{aligned}
$$

定理得证.　　　　　　　　　　　　　　　　　　　　　　　　　　　　□

我们可以将定理 5.2.2 推广到 $\mathbb{R}^2$ 上.

定理 5.2.3　设 m 是平面上的一个有界函数, 在每个象限内二次可微, 若它满足

$$\sup_j \int_{I_j} \left| \frac{\partial m}{\partial t_1}(t_1, t_2) \right| \mathrm{d}t_1 < \infty,$$

$$\sup_j \int_{I_j} \left| \frac{\partial m}{\partial t_2}(t_1, t_2) \right| \mathrm{d}t_2 < \infty,$$

$$\sup_{i,j} \int_{I_i \times I_j} \left| \frac{\partial^2 m}{\partial t_1 \partial t_2}(t_1, t_2) \right| \mathrm{d}t_1 \mathrm{d}t_2 < \infty,$$

这里 I_i 和 I_j 是 $\mathbb{R}$ 上的二进区间, 则 m 是 $L^p(\mathbb{R}^2)$, $1 < p < \infty$ 上的一个乘子.

证明 假设 $I_j = (2^i, 2^{i+1})$, $I_j = (2^j, 2^{j+1})$, 固定 $(\xi_1, \xi_2) \in I_i \times I_j$, 则

$$m(\xi_1, \xi_2) = \int_{2^i}^{\xi_1} \int_{2^j}^{\xi_2} \frac{\partial^2 m}{\partial t_1 \partial t_2}(t_1, t_2)\mathrm{d}t_1 \mathrm{d}t_2 + \int_{2^i}^{\xi_1} \frac{\partial m}{\partial t_1}(t_1, 2^j)\mathrm{d}t_1 +$$

$$\int_{2^j}^{\xi_2} \frac{\partial m}{\partial t_2}(2^i, t_2)\mathrm{d}t_2 + m(2^i, 2^j).$$

令 $T_{i,j}$ 表示与乘子 $m\chi_{I_i \times I_j}$ 相关的算子, 则

$$T_{i,j}f(x) = \int_{I_i \times I_j} \frac{\partial^2 m}{\partial t_1 \partial t_2}(t_1, t_2)\Delta^1_{t_1, 2^{i+1}}\Delta^2_{t_2, 2^{j+1}}f(x)\mathrm{d}t_1 \mathrm{d}t_2 +$$

$$\int_{I_i} \frac{\partial m}{\partial t_1}(t_1, 2^j)\Delta^1_{t_1, 2^{i+1}}f(x)\mathrm{d}t_1 \int_{I_j} \frac{\partial m}{\partial t_2}(2^i, t_2)\Delta^2_{t_2, 2^{j+1}}f(x)\mathrm{d}t_2 +$$

$$m(2^i, 2^j)\Delta^2_i \Delta^2_j f(x),$$

这里上指标表示算子作用的变量, 所以 $T_{i,j}$ 在 $L^2(\mathbb{R}^2)$ 上有界. 由 Littlewood-Paley 理论可知, 定理得证. $\qquad\square$

类似地, 我们还可以得到 $\mathbb{R}^n$ 上的 Marcinkiewicz 乘子定理, 它与 $\mathbb{R}^2$ 上的唯一区别就是记号复杂一些, 如定理条件可以写成如下形式:

$$\sup_{j_1, \cdots, j_k} \int_{I_{j_1} \times \cdots \times I_{j_k}} \left| \frac{\partial^k m}{\partial \xi_{i_1} \cdots \partial \xi_{i_k}}(\xi) \right| \mathrm{d}\xi_{i_1} \cdots \mathrm{d}\xi_{i_k} < \infty,$$

这里 I_{j_k} 表示 $\mathbb{R}$ 上的二进区间, 集合 $\{i_1, \cdots, i_k\}$ 跑遍所有 $\{1, \cdots, n\}$ 中包含 k $(1 \leqslant k \leqslant n)$ 个元素的子集.

习 题 5

1. 设 Φ 是 $\mathbb{R}^n$ 上的可积函数且满足

$$|\hat{\Phi}(\xi)| \leqslant B \min(|\xi|^{\varepsilon}, |\xi|^{-\varepsilon'}), \quad \varepsilon, \varepsilon' > 0,$$

证明: 存在 $C_{\varepsilon,\varepsilon'} > 0$ 使得

$$\sup_{\xi \in \mathbb{R}^n} \left(\int_0^\infty |\hat{\Phi}(t\xi)|^2 \frac{\mathrm{d}t}{t} \right)^{\frac{1}{2}} + \sup_{\xi \in \mathbb{R}^n} \left(\sum_{j \in \mathbb{Z}} |\hat{\Phi}(2^{-j}\xi)|^2 \right)^{\frac{1}{2}} \leqslant C_{\varepsilon,\varepsilon'} B.$$

2. 设 Φ 是 $\mathbb{R}^n$ 上的可积函数且积分为零, 证明: 若存在 $B, \varepsilon, \varepsilon' > 0$ 使得对于所有 $y \neq 0$ 都有

$$|\Phi(x)| \leqslant B(1 + |x|)^{-n-\varepsilon}, \int_{\mathbb{R}^n} |\Phi(x - y) - \Phi(x)| \mathrm{d}x \leqslant B|y|^{\varepsilon'},$$

令 $\Phi_t(x) = t^{-n} \Phi(x/t)$, 则存在常数 C_n, C_n' 使得

$$\left(\int_0^\infty |\Phi_t(x)|^2 \frac{\mathrm{d}t}{t} \right)^{\frac{1}{2}} \leqslant C_n B |x|^{-n}$$

和

$$\sup_{y \in \mathbb{R}^n \setminus \{0\}} \int_{|x| \geqslant 2|y|} \left(\int_0^\infty |\Phi_t(x - y) - \Phi_t(x)|^2 \frac{\mathrm{d}t}{t} \right)^{\frac{1}{2}} \mathrm{d}x \leqslant C_n' B.$$

3. 设 $m(\xi)$ 是一个实值函数且对于所有的多重指标 α 都有 $|\partial^\alpha m(\xi)| \leqslant C_\alpha |\xi|^{-|\alpha|}$, 其中 $|\alpha| \leqslant \dfrac{n}{2} + 1$, 证明: 对于 $\xi \in \mathbb{R}^n \setminus \{0\}$, 都有 $\mathrm{e}^{\mathrm{i}m(\xi)}$ 是 $L^p(\mathbb{R}^n)$ 上的乘子, 这里 $1 < p < \infty$.

4. 假设 $\phi(x)$ 是 $\mathbb{R}^n$ 上的一个光滑函数且满足在零点的一个邻域内等于零, 在无穷远的邻域内等于 1, 证明: $\mathrm{e}^{\mathrm{i}\xi_j |\xi|^{-1}} \phi(\xi)$ 是 $L^p(\mathbb{R}^n)$ 上的乘子, 这里 $1 < p < \infty$.

5. 设 $\hat{\zeta}(\xi)$ 是 $\mathbb{R}^n$ 上的一个光滑函数且满足紧支集不包含零点, 令 $\{a_j\}$ 是一个有界的复数列, 证明: 函数

$$m(\xi) = \sum_{j \in \mathbb{Z}} a_j \hat{\zeta}(2^{-j}\xi)$$

是 $L^p(\mathbb{R}^n)$ 上的乘子, 这里 $1 < p < \infty$.

6. 设 $\hat{\zeta}(\xi)$ 是 $\mathbb{R}^n$ 上的一个光滑函数且满足紧支集不包含零点, 令 $\Delta_j^{\zeta}(f) = (\hat{f}(\xi)\hat{\zeta}(2^{-j}\xi))$, 证明: 算子

$$f \to \sum_{N \in \mathbb{Z}} \left| \sum_{j < N} \Delta_j^{\zeta}(f) \right|$$

在 $L^p(\mathbb{R}^n)$ 上有界, 这里 $1 < p < \infty$.

7. 设 Φ 是一个 Schwartz 函数, 满足傅里叶变换为实值函数和紧支集不包含零点, 且

$$\sum_{j \in \mathbb{Z}} \hat{\Phi}(2^{-j}\xi) = 1, \quad \xi \neq 0,$$

令 Δ_j 为与 Φ 相关的 Littlewood-Paley 算子, 证明: 对于所有 $g \in \mathscr{S}(\mathbb{R}^n)$, 都有

$$\lim_{N \to \infty} \left\| \sum_{|j| < N} \Delta_j(g) - g \right\|_{L^p} = 0.$$

参 考 文 献

[1] STEIN E M, WEISS G. Introduction to Fourier Analysis on Euclidean Spaces[M]. Princeton: Princeton University Press, 1975.

[2] GRAFAKOS L. Classical Fourier Analysis[M]. Third Edition. New York: Springer, 2014.

[3] GRAFAKOS L. Modern Fourier Analysis[M]. Third Edition. New York: Springer, 2014.

[4] DUOANDIKOETXEA J. Fourier Analysis[M]. Procidence: American Mathematical Society, 2001.

[5] 程民德, 邓东皋, 龙瑞麟. 实分析 [M]. 北京：高等教育出版社, 2012.

[6] BERGH J, LOFSTROM J. Interpolation Spaces[M]. New York: Springer-Verlag, 1976.

[7] THORIN G O, ZYGMUND A. An Extention of a Convexity Theorem due to M. Riesz[J]. Fys. Säellsk. Förh, 1938, 8(14): 56-57.

[8] STEIN E M. Singular Integrals and Differentiability Properties of Functions[M]. Princeton: Princeton University Press, 1970.

[9] HARDY G H, LITTLEWOOD J E. A Maximal Theorem with Function-Theoretic Applications[J]. Acta. Math., 1930, 54(1): 81-116.

[10] HARDY G H. Note on a Theorem of Hilbert[J]. Math. Z., 1920, 6(3-4): 314-317.

[11] STEIN E M. Harmonic Analysis: Real-Variable Methods, Orthogonality, and Oscillatory Integrals[M]. Princeton: Princeton University Press, 1993.

[12] UCHIYAMA A. Characterization of $H^P(\mathbb{R}^n)$ in Terms of Generalized Littlewood-Paley g-Function[J]. Studia Math., 1985, 81: 135-158.

[13] JOHN F, NIRENBERG L. On Functions of Bounded Mean Oscillation[J]. Comm. Pure and Appl. Math., 1961, 14: 415-426.

[14] CARLESON L. On Convergence and Growth of Partial Sums of Fourier Series[J]. Acta. Math., 1966, 116(1): 135-157.

[15] CHARS F, STEIN E M. H^p Spaces of Several Variables[J]. Acta Math., 1972, 129: 137-193.

[16] LITTLWOOD J E, PALEY R E. Theorems on Fourier Series and Power Series[J]. J. London Math. Soc., 1931, 6(3): 230-233.

[17] LITTLWOOD J E. PALEY R E. Theorems on Fourier Series and Power Series(II)[J]. Proc. London Math. Soc., 1936, 42(1): 52-89.

[18] LITTLWOOD J E, PALEY R E. Theorems on Fourier Series and Power Series(III)[J]. Proc. London Math. Soc., 1937, 43(2): 105-126.

[19] HORMANDER L. Estimates for Translation Invariant Operators in L^p Spaces[J]. Acta Math., 1960, 104: 93-140.

[20] STEIN E M. Topics in Harmonic Analysis[M]. Princeton: Princeton University Press,1970.

[21] CALDERON A P, ZYGMUND A. On the Existence of Certain Singular Intergrals[J]. Acta. Math., 1952, 88(1): 85-139.

[22] CALDERON A P, ZYGMUND A. On Singular Intergrals[J]. Amer. J. Math., 1956, 78: 289-309.

[23] COIFMAN R. A Real Variable Characterization of H^p[J]. Studia Math., 1974, 51: 269-274.

[24] COIFMAN R, MEYER Y. Au Délà Des Opérateurs Pseudo-Différentiels[J]. Astérisque, 1979, 57.

[25] COIFMAN A, DENG D G, MEYER Y. Domaine De La Racine Carrée De Certains Opérateurs Différentiels Accrétifs[J]. Ann. Inst. Fourier (Grenoble), 1983, 33 (2): 123-134.

[26] GARCIA C, RUBIO F. Weighted Norm Inequalities and Related Topics[M]. North Holland: North Holland Press, 1985.

[27] HORMANDER L. Linear Partial Differential Operators[M]. Berlin-Göttingen-Heidelberg: Springer-Verlag, 1963.

[28] HORMANDER L. The Analysis of Linear Partial Differential Operators I[M]. 2nd edition. Berlin-Heidelberg-New York: Springer-Verlag, 1990.

[29] LATTER R. A Decomposition of $H^p(\mathbb{R}^n)$ in Terms of Atoms[J]. Studia Math., 1977, 62: 92-101.

[30] TORCHINSKY A. Real-Variable Methods in Harmonic Analysis[M]. Orlando: Academic Press, 1996.

[31] YOSIDA K. Functional Analysis[M]. Berlin: Springer-Verlag, 1995.

[32] ZYGMUND A. Trigonometric Series[M]. Vol. I, 2nd edition. New York: Cambridge University Press, 1959.

[33] ZYGMUND A. Trigonometric Series[M]. Vol. II, 2nd edition. New York: Cambridge University Press, 1959.

[34] ZYGMUND A. On a Theorem of Marcinkiewicz Concerning Interpolation of Operators[J]. Jour. de Math. Pures et Appliquées, 1956, 35: 223-248.

索　引